# 超图理论与超图神经网络研究

冶忠林　张　科　郑钰辉　　著
张　伟　肖玉芝

西安电子科技大学出版社

## 内 容 简 介

超图能够捕捉多个节点之间的多元关系和高阶关系，节点与超边之间的关系、超边与超边之间的关系也能更准确地映射节点之间的复杂关系，应用超图结构有助于更好地理解和分析复杂系统的结构和行为。

本书共四篇，分为 10 章。全书系统地介绍了超图基础知识(第一篇，仅有第一章)、超网络演化机制及应用(第二篇，含第二、三、四章)、超网络的全终端可靠度(第三篇，含第五、六、七、八章)、超图神经网络(第四篇，含第九、十章)等内容。超网络演化机制可以揭示系统内部的复杂结构和动态演化规律。超网络的全终端可靠度是衡量超网络保持连通能力的重要指标，可以指导最优超网络结构设计与优化。超图神经网络基于图神经网络，建模了超网络的高阶特性，以增强模型的鲁棒性和稳定性。

本书内容丰富、体系完整，可作为从事超网络研究的学者、研究人员和工程技术人员的参考资料。

**图书在版编目（CIP）数据**

超图理论与超图神经网络研究 / 冶忠林等著. -- 西安：西安电子科技大学出版社，2025.9. -- ISBN 978-7-5606-7632-6

Ⅰ. O157.5

中国国家版本馆 CIP 数据核字第 2025NS8908 号

策　　划　曹　攀
责任编辑　曹　攀
出版发行　西安电子科技大学出版社（西安市太白南路 2 号）
电　　话　(029) 88202421　88201467　　邮　编　710071
网　　址　www.xduph.com　　　　　　电子邮箱　xdupfxb001@163.com
经　　销　新华书店
印刷单位　咸阳华盛印务有限责任公司
版　　次　2025 年 9 月第 1 版　　　2025 年 9 月第 1 次印刷
开　　本　787 毫米×1092 毫米　1/16　　印　张　10.5
字　　数　243 千字
定　　价　55.00 元

ISBN 978-7-5606-7632-6

XDUP 7933001-1

＊＊＊如有印装问题可调换＊＊＊

# 前　言

　　复杂网络的研究对于我们理解和解决复杂系统和复杂世界中的问题具有重要意义。复杂网络提供了一种直观的方式来探索和理解现实世界中的各种关系和相互作用。然而，随着大数据时代的到来，网络变得越来越庞大和错综复杂，传统的复杂网络理论已经无法很好地应对某些复杂性问题。超网络作为一种新的网络模型，以超图作为底层拓扑结构，能够更全面地刻画和挖掘网络中的信息，更准确地描述节点之间的复杂关联。因此，本书对超网络的研究具有重要意义。

　　首先，本书针对超网络模型构建，主要介绍了超网络模型构建中的优先连接方法，即赌轮法和链表法，以及基于逻辑回归函数的超网络演化模型、基于关键词的科研合作超网络模型等。在超网络模型构建方面，通过分析超网络的演化过程，揭示节点间的相互作用方式以及网络结构的变化趋势，以提供更深入的洞察力和预测能力。超网络模型可以用于解决多个领域的实际问题，例如社交网络分析、生物网络分析等，以提供更准确和全面的分析工具和方法。

　　其次，本书结合图（超图）理论、图谱理论、复杂网络理论以及计算机仿真等多学科领域的知识，对超网络的全终端可靠度进行了系统性的介绍。超网络作为一种更具表达能力和灵活性的网络结构描述方法，其全终端可靠度的分析涉及多个层面的考量。通过综合考虑网络中各个节点和连接的特性，可以评估整个网络在各种条件下的可靠性和稳定性，对于设计和优化超网络具有重要意义。

　　最后，本书还介绍了自适应超图神经网络。当前数据的动态性和不确定性日益突出，传统的神经网络模型在处理这类数据时存在一定的局限性。而自适应超图神经网络通过动态调整网络结构和参数，可以根据数据的特点和变化实时调整模型，从而为更有效地处理复杂实际问题提供一种新的、灵活而高效的解决方案，有望在各个领域的数据处理中发挥重要作用。

　　本书在赵海兴教授的指导下完成，章节之间前后逻辑清晰明确，内容上采用循序渐进的方式介绍超图及超网络，涉及数学理论分析和计算机领域神经网络方面的知识。希望本书能够为超网络建模、超网络可靠性分析、超图神经网络的研究人员提供必要的帮助。特别致谢青海师范大学计算机学院王朝阳、李明原、孟磊、杨燕琳、林晶晶、房路升、唐春阳、陈阳、曹淑娟、周琳、李格格、王雪力、王鑫奥等人，他们为本书编写投入了非常多的时间和精力；特别感谢石孝安为校稿和整理等工作付出的努力。本书的完成受到国家重点研发计划（编号：2020YFC1523300）与青海省创新平台建设专项（编号：2022-ZJ-T02）的资助。

由于作者水平有限，书中难免存在不妥之处，恳请读者批评指正。

著　者

2024 年 5 月

# 目　录

## 第三篇　超网络的全终端可靠度

# 第一篇　超图基础知识

　　超图的意义不仅在于其理论价值，更在于其广泛的应用前景。超图作为一种强大的数据结构，能够精准地描述现实世界中复杂的关联和依赖关系，如社交网络中的群体互动、生物分子间的相互作用等。因此，研究超图不仅有助于推动理论发展，更能为解决实际问题提供有力工具，具有深远的意义。本篇主要介绍超图的基础知识，为后续超图学习奠定基础。

# 第一章

## 超图与超网络

本章主要介绍超图和超网络的基本概念，超图和普通图之间的关系和变换方式，均匀超网络和非均匀超网络的演化机制等。本章的学习，可以为后续内容的学习奠定理论基础。

## 1.1 超图的基本概念

超图 $H$ 是一个有序二元组 $H=(V,E)$，其中 $V$ 是 $H$ 的顶点(节点)的集合，$E$ 是 $V$ 的非空子集的集合。集合 $E$ 的一个元素是 $H$ 的一条超边或简称为 $H$ 的一条边。本书所述的超图不含孤立点(孤立点是指不包含在任何超边中的点)。当与边关联的顶点数超过 2 时，用简单的闭曲线表示超边。超图 $H$ 的一个顶点 $v$ 的度记为 $d_H(v)$ 或 $d(v)$，表示 $H$ 中含顶点 $v$ 的边的个数。超图 $H$ 的一条边 $e$ 的度(大小)记为 $|e|$，表示边 $e$ 所包含顶点的个数。

在超图中，如果存在一条边包含某两个顶点，则称这两个顶点是相邻的；如果两条边的交集非空，则称这两条边是相邻的。

在超图 $H=(V,E)$ 中，设边集合为 $E=\{e_1,e_2,\cdots,e_m\}$，对于任意的 $i(1\leqslant i\leqslant m)$，$j(1\leqslant j\leqslant m)$，如果由 $e_i\subseteq e_j$ 可得 $i=j$，则称 $H$ 为简单超图(在本书中，除特别说明外，所研究的超图均为简单超图)；如果 $|e_i\bigcap e_j|\leqslant 1$，则称超图 $H$ 是线性的；如果 $|e_i|=r(i=1,2,\cdots,m)$，则称超图 $H$ 是一个 $r$-一致超图，即每条边所包含的顶点数相同，且等于 $r$，则 $H$ 是 $r$-一致超图。由此可知，一个简单的 2-一致超图就是一个简单的普通图。图 1.1 所示是一个简单的非一致超图。

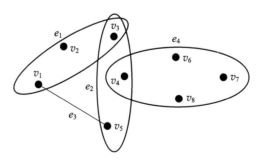

图 1.1 一个具有 8 个顶点和 4 条超边的非一致超图

对于 $u$，$v \in V$，$H$ 满足 $v_i$，$v_{i+1} \in e_i (i = 0, 1, 2, \cdots, i-1)$ 的一个点边交错的序列 $(u = v_0, e_1, v_1, e_2, v_2, \cdots, v_k = v)$ 称为 $(u, v)$ 途径，其中 $k$ 为该途径的长度。$(u, v)$ 途径的最短长度记为 $d(u, v)$，表示 $u$，$v$ 之间的距离。如果 $v_0$，$v_1$，$\cdots$，$v_k$ 互不相同，$e_1$，$e_2$，$\cdots$，$e_k$ 互不相同，且 $u = v_0 = v_k = v$，则 $(u, v)$ 途径是 $H$ 的长为 $k$ 的圈。

如果超图 $H$ 的任意两个顶点之间存在一条途径，则称其为连通的，否则它就是不连通的。如果一个超图 $H$ 是不连通的，则它的连通分支的个数记为 $\omega(H)$。

超图 $H$ 的边连通度记为 $\lambda(H)$，表示使得 $H$ 不连通所要删去的最少的边数。这个定义是图中相应定义的推广。

超图 $H = (V, E)$ 的关联矩阵 (Incidence Matrix) 是一个 $n \times m$ 阶矩阵 $\boldsymbol{A} = [a_{ij}]$，其中

$$a_{ij} = \begin{cases} 1, & v_i \in e_j \\ 0, & v_i \notin e_j \end{cases} \tag{1-1}$$

例如，图 1.1 中超图的关联矩阵为

$$
\begin{array}{c}
\\
v_1 \\
v_2 \\
v_3 \\
v_4 \\
v_5 \\
v_6 \\
v_7 \\
v_8
\end{array}
\begin{array}{cccc}
e_1 & e_2 & e_3 & e_4 \\
\begin{pmatrix}
1 & 0 & 1 & 0 \\
1 & 0 & 0 & 0 \\
1 & 1 & 0 & 0 \\
0 & 1 & 0 & 1 \\
0 & 1 & 1 & 0 \\
0 & 0 & 0 & 1 \\
0 & 0 & 0 & 1 \\
0 & 0 & 0 & 1
\end{pmatrix}
\end{array}
$$

由图论及其谱的相关知识知，普通图可以由其关联矩阵或邻接矩阵确定。而超图与其邻接矩阵不存在一一对应关系。

# 1.2 超图转化为普通图的几种变换

超图作为普通图的推广，其与普通图的关系在前文中已经进行了论述。由于对普通图的研究更为成熟一些，如果能把超图转化为普通图，通过对这些普通图的研究加深对相应超图的认识，不失为研究超图的一种可取的方法。下面介绍将超图转化为普通图的几种变换。

**1. 超图的线图**

超图的线图 (Line-Graph) 的定义与普通图的线图的定义类似，只不过普通图的线图仍然是普通图，而超图的线图却不是普通图。

设 $H = (V, E)$ 是一个边集非空的超图，其中 $E = \{e_1, e_2, \cdots, e_m\}$。超图 $H$ 的线图 (也称为代表图或交集图) 是满足如下两个条件的图 $L(H) = (V', E')$：

(1) 当 $H$ 中没有重边时，使 $V' = E$，即将 $H$ 的边集与 $L$ 的顶点集作一一对应；

(2) $ij \in E' (1 \leqslant i < j \leqslant m)$ 当且仅当 $e_i \cap e_j \neq \varnothing$。

图 1.2 为图 1.1 的线图，是对该定义的说明。

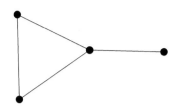

图 1.2　图 1.1 中超图的线图

超图的一些性质很容易通过其线图进行刻画。例如，超图 $H$ 是连通的当且仅当其线图 $L(H)$ 是连通的。

**2. 超图的 2-截图**

设 $H = (V, E)$ 是一个超图，$H$ 的 2-截图（2-section）是一个普通图，记为 $[H]_2$，满足 $V([H]_2) = V$ 且任意两个不同的顶点间连一条边当且仅当它们同时包含在 $H$ 的至少一条超边中。图 1.3 是图 1.1 中超图的 2-截图。

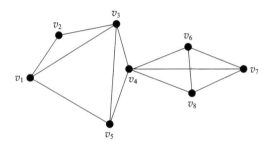

图 1.3　图 1.1 中超图的 2-截图

还可以按照下面的方式对超图的 2-截图进行推广：

对于具有 $n$ 个顶点和 $m$ 条边的超图 $H = (V, E)$，其推广的 2-截图（Generalized 2-section）记为 $G[H]_2$，满足 $V(G[H]_2) = V$ 且任意两个不同的顶点间连边的条数为同时包含它们的 $H$ 中的超边的条数。由此可知，$G[H]_2$ 的边数为

$$m(G[H]_2) = \sum_{i=1}^{n} \frac{|e_i|(|e_i|-1)}{2} \tag{1-2}$$

研究超图 $H$ 的可靠度的转换算法时，将给出其推广的 2-截图的一个重要的应用，还将对其作更为详尽的阐述。

用超图的 2-截图和推广的 2-截图研究对应的超网络已经受到了研究者们的重视。

**3. 超图的关联图**

设 $H = (V, E)$ 是一个超图，$H$ 的关联图（Incidence Graph）是一个二部图，记为 $IG(H)$，满足 $V(IG(H)) = V \cup E$ 且 $v \in V$ 和 $e \in E$ 相邻当且仅当 $v \in e$。

例如，图 1.1 中的超图的关联图如图 1.4 所示。

依据这种超图的变换，很容易得出超图的各顶点的度和超图的各边的基数之间的恒等关系：

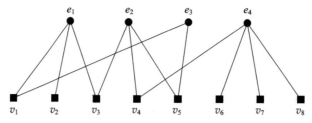

图 1.4　图 1.1 中超图的关联图

对于一个顶点集为 $V = \{v_1, v_2, \cdots, v_n\}$，边集为 $E = \{e_1, e_2, \cdots, e_m\}$ 的普通图 $G = (V, E)$，有 $\sum\limits_{v \in V} d(v) = 2m$。该结论在超图中的平行的推广是引理 1.1。

**引理 1.1**　设 $H = (V, E)$ 是一个超图，则有

$$\sum_{v \in V} d(v) = \sum_{e \in E} |e| \qquad (1-3)$$

$H$ 是一个 $r$-一致超图时，式 $(1-3)$ 可以化简为

$$\sum_{v \in V} d(v) = rm \qquad (1-4)$$

同前两种变换相比，超图到其关联图的变换是可逆的，即用二部图表示同一实际的复杂网络时，网络中的信息一般不会丢失。由于分析二分网络的方法更为方便、成熟，有些研究者认为所有的用超图进行建模的网络都可以转化为二分网络进行分析，但是这样做会出现一个明显的弊端，即二分网络的节点是不同质的。因此，从超图的视角研究某些类型的复杂网络是必要的。

关于其他的超图到普通图的变换或它们之间的变换关系，可以参考相关文献。

## 1.3　几种典型的超图

超图作为图的推广，由于其每一条边可以包含两个以上的顶点，其结构要比普通图复杂得多。对经典的超图的研究可以加深对超图理论的感性认识，同时它们本身也是超图理论的重要研究对象。下面对一些经典的或本文中要用到的超图(类)作简要的介绍。

**1. 超帆**

由两条具有 $l(l \geqslant 1)$ 个公共顶点构成的超图称为超帆(Hypervee)。除去一些平凡的情形，超帆是最简单的超图。图 1.5 所示是一个具有 7 个顶点、$l = 2$ 的超帆。

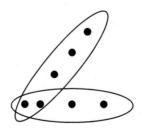

图 1.5　一个具有 7 个顶点、$l = 2$ 的超帆

**2. $l$-圈**

设 $H=(V,E)$ 是一个具有 $n$ 个顶点的 $r$-一致超图。$H$ 是一个 $l$-圈（$l$-cycle），如果 $H$ 是超边为子集 $\{v_i, v_{i+1}, \cdots, v_{i+r-1}\}$ 且任意相邻两条超边恰好有 $l$ 个交点的关于顶点集 $V=\{v_1, v_2, \cdots, v_n\}$ 的循环排序。$l=1$ 的 $l$-圈是宽松的（loose），$l=r-1$ 的 $l$-圈是紧的（tight）。具有三条边的 $l$-圈称为超三角形。图 1.6 所示是一个具有 6 个顶点的超三角形。

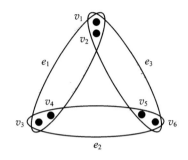

图 1.6　一个具有 6 个顶点的超三角形

$(\{v_1, v_2, v_3, v_4, v_5, v_6\}, \{\{v_1, v_2, v_3, v_4\}, \{v_3, v_4, v_5, v_6\}, \{v_6, v_5, v_2, v_1\}\})$

**3. 完全超图和 $r$-一致完全超图**

超图 $H=(V,E)$ 是完全超图（Complete Hypergraph），如果 $H$ 的顶点集 $V$ 的非空子集是其边集 $E$。因为完全超图中的边存在包含关系，故它不是简单超图。一般来说，与图论中的完全图相对应的超图是 $r$-一致完全超图（Complete $r$-Uniform Hypergraph）。如果将 $V$ 的所有 $r(2\leqslant r\leqslant n)$ 元子集组成的集合作为边集 $E$，则 $H$ 为 $r$-一致完全超图，记为 $K_n^r$。当 $r=n$ 时，$r$-一致完全超图是一条包含所有顶点的超边。通常 $2\leqslant r\leqslant n-1$。当 $r=2$ 时，有 $K_n^r=K_n$，其中，$K_n$ 是具有 $n$ 个顶点的完全图。图 1.7 所示是一个具有 4 个顶点的 3-一致完全超图 $K_4^3$。

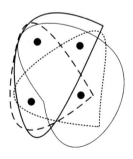

图 1.7　一个具有 4 个顶点的 3-一致完全超图 $K_4^3$

**4. 线性空间和 Steiner 系**

任意一对顶点恰好被唯一的边包含的超图 $H$ 称为线性空间（Linear Space）。$r$-一致的线性空间称为 Steiner 系 $S(2,r,n)$（Steiner System）。$S(2,3,7)=(\{0,1,2,3,4,5,6\},\{013,045,026,124,346,235,156\})$ 是著名的 Fano 平面，也称为 Fano 超图。在后面的章节中将研究 Steiner 系 $S(2,r,n)$ 的一些图类（包括 Fano 平面）的可靠度。

### 5. 完全 $r$-部超图和完全奇二部 $r$-一致超图

对于超图 $H=(V,E)$，将顶点集 $V$ 作一个 $r$-划分：$V_1$，$V_2$，$\cdots$，$V_r$（对于 $1\leqslant i\leqslant r$，$|V_i|=n_i$），边集为 $E=\{\{v^1, v^2, \cdots, v^r\}|v^1\in V_1,v^2\in V_2,\cdots,v^r\in V_r\}$，则称 $H$ 为完全 $r$-部超图（Complete $r$-Partite Hypergraph），记为 $K_{n_1, n_2, \cdots, n_r}^r$。如图 1.8 所示的是一个完全 3-部超图 $K_{1,2,3}^3$。

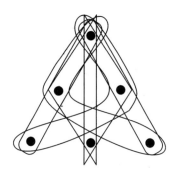

图 1.8　一个完全 3-部超图 $K_{1,2,3}^3$

$r$-一致超图 $F=(V,E)$ 称为奇二部的，如果 $r$ 是偶数并且存在某个 $V$ 的适当的子集 $V_1$，那么使得 $F$ 的每一条边都包含 $V_1$ 中奇数个顶点。奇二部 $r$-一致超图是超图的谱分析中的重要图类，从某个角度看，它是二部图在超图理论中的推广。

对于确定的偶数 $r$，$r$-一致超图 $F=(V,E)$ 的顶点集划分为 $V_1$，$V_2$（$|V_1|=n_1$，$|V_2|=n_2$），边集为 $\{\{u_1, \cdots, u_{r_1}, v_1, \cdots, v_{r_2}\}|\{u_1, \cdots, u_{r_1}\}\subseteq V_1, \{v_1, \cdots, v_{r_2}\}\subseteq V_2$，$r_1+r_2=r$，$r_1$，$r_2$ 均为奇数$\}$，则称 $F$ 为完全奇二部 $r$-一致超图（Complete Odd-Bipartite $r$-Uniform Hypergraph），记为 $OK_{n_1, n_2}^r$。若偶数 $r$ 的值不确定，则称 $F$ 为完全奇二部 $r$-一致超图（Complete Odd-Bipartite Hypergraph），记为 $COK_{n_1, n_2}$。完全奇二部 4-一致超图 $OK_{2,3}^4$ 和完全奇二部超图 $COK_{2,3}$，如图 1.9 所示。

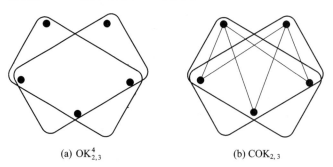

(a) $OK_{2,3}^4$　　　　　　(b) $COK_{2,3}$

图 1.9　完全奇二部 4-一致超图 $OK_{2,3}^4$ 和完全奇二部超图 $COK_{2,3}$

# 1.4　均匀超图与非均匀超图

在超图 $H=(V,E)$ 中，如果超边的簇是一个集合，且 $i\neq j \Longleftrightarrow e_i\neq e_j$，那么称超图 $H$ 是

没有重边的；超图 $H$ 的秩 $r(H)$ 是指超图中超边的最大基数，即：$r(H)=\max|e_i|$，$i=1$，$2$，$\cdots$，$|e|$；超边的最小基数是超图 $H$ 的下秩，即：$s(H)=\min|e_i|$，$i=1,2,\cdots,|e|$；特别地，如果 $r(H)=s(H)=k$，那么称超图 $H$ 是 $k$-均匀超图（$k$-一致超图）。反之，则称之为非均匀超图，即超图中每条超边所包含的顶点数不完全相同。如图 1.10 所示，图（a）为均匀超图，每条超边所包含的顶点个数都为 3；图（b）为非均匀超图，超边 $e_1$ 包含 2 个顶点，超边 $e_2$ 包含 5 个顶点，超边 $e_3$ 包含 4 个顶点，超边 $e_4$ 包含 5 个顶点。

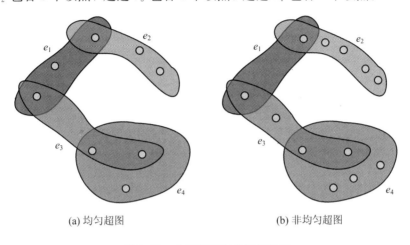

(a) 均匀超图　　　　　　　　　(b) 非均匀超图

图 1.10　均匀超图和非均匀超图

# 1.5　均匀超网络演化模型

超图每条超边中节点数目都相同的超网络叫作均匀超网络。目前，针对超网络节点和超边增长构建的超网络模型较多，主要有以下三种经典模型。

**1. 每次添加若干个新节点与原始网络中的一个旧节点生成一条新超边之模型**

（1）初始化：初始阶段，仅有特别少的 $m_0$ 个节点和一条包含这 $m_0$ 个节点的超边在网络中。

（2）增长：每经过一个时间步 $t$，向超网络添加 $m_1$ 个新节点，这 $m_1$ 个新节点与原始网络中的一个旧节点共同组成一条新的超边。

该旧节点被选取的概率为该节点的超度与整个超网络中所有节点超度和的比，即满足

$$\prod d_H(i)=\frac{d_H(i)}{\sum\limits_j d_H(j)} \tag{1-5}$$

其中每次选择一个旧节点生成一条新超边的超网络演化模型的超度分布为

$$P(d_H)\propto\left(\frac{1}{k}\right)^{m_1+2}$$

超度分布指数为

$$\gamma=m_1+2$$

其演化过程如图 1.11 所示。

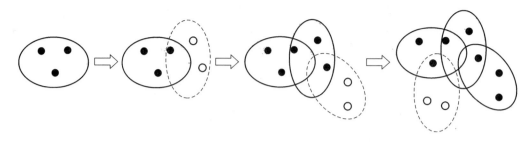

图 1.11　每次选择一个旧节点生成一条新超边的超网络模型演化过程

**2. 每次增加一个新节点与原始网络中若干个旧节点生成一条新超边之模型**

(1) 初始化：初始阶段，仅有非常少的 $m_0$ 个节点和一条包含这 $m_0$ 个节点的超边在网络中。

(2) 增长：每经过一个时间步 $t$，向超网络中添加一个新节点，这一个新节点与网络中 $m_2(m_2 \leqslant m_0)$ 个旧节点共同形成一条新的超边。

这些旧节点被选取的概率为被选到的每个旧节点的超度与原始超网络中所有节点超度和的比，即满足式 (1-5)。其中每次增加一个新节点与旧节点生成一条新超边的超网络演化模型的超度分布为

$$P(d_H) = \left( \frac{1}{m_2} + 1 \right) \left( \frac{1}{d_H} \right)^{\frac{1}{m_2}+2}$$

超度分布指数为

$$\gamma = \frac{1}{m_2} + 2$$

其演化过程如图 1.12 所示。

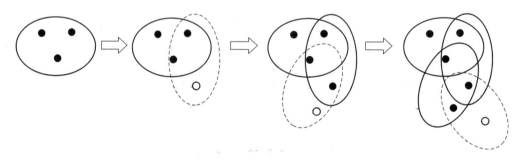

图 1.12　每次增加一个新节点与旧节点生成一条新超边的超网络模型演化过程

**3. 超网络统一演化模型**

(1) 初始化：初始阶段，网络中仅有较少的 $m_0$ 个节点及包含这些节点的一条超边。

(2) 增长：向网络中添加 $m_1$ 个新节点，这 $m_1$ 个节点与原始网络中的已有 $m_2(m_2 \leqslant m_0)$ 个旧节点构成一条新的超边，共得到 $m(m \leqslant m_0)$ 条新超边，且保证没有重边出现。其中旧节点被选择的概率为该节点的超度与原始超网络中所有节点超度之和的比，即满足式 (1-5)。

在此超网络模型中，当 $m=m_2=1$ 时，超网络统一演化模型就变成了每次选择一个旧节点生成一条新超边的超网络模型；当 $m=m_1=1$ 时，超网络统一演化模型就变成了每次增加一个新节点与旧节点生成一条新超边的超网络模型。

超网络统一演化模型的超度分布为

$$P(d_H) = \left(\frac{1}{m}\right)\left[\left(\frac{m_1}{m_2}\right)+1\right]\left(\frac{m}{d_H}\right)^{\frac{m_1}{m_2}+2} \tag{1-6}$$

其超度分布指数为

$$\gamma = \left(\frac{m_1}{m_2}\right)+2 \tag{1-7}$$

其演化过程如图 1.13 所示。

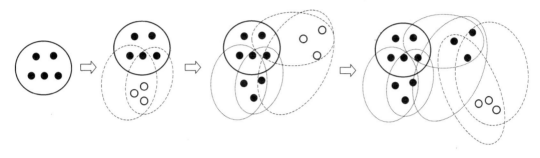

图 1.13　超网络统一演化模型演化过程

（每次添加 3 个新节点，选择 2 个旧节点，增加 2 条新超边）

# 1.6　非均匀超网络演化模型

非均匀超网络是指网络中每条超边中的节点数目都不相同的超网络。这类超网络更符合实际生活中我们见到的网络，因此，对非均匀超网络的研究具有现实意义。非均匀超网络主要有以下三种经典的演化模型。

**1. 等概率生成的非均匀超网络演化模型**

（1）初始化：初始阶段，仅有特别少的 $m_0$ 个节点和一条包含这 $m_0$ 个节点的超边在网络中。

（2）增长：每经过一个时间步 $t$，给网络中添加一个新节点，并且同时等概率地从 0 到 $m_0-1$ 之间取一个随机正整数 $n(0 \leqslant n \leqslant m_0-1)$，然后选取原始网络中的 $n$ 个旧节点与新添加的这一个新节点构成一条新的超边。

其中，这 $n$ 个旧节点被选取的概率为被选取的旧节点的超度比上原始超网络中所有节点超度之和。

**2. 泊松分布生成的非均匀超网络演化模型**

（1）初始化：初始阶段，仅有非常少的 $m_0$ 个节点及一条包含这 $m_0$ 个节点的超边在网络中。

（2）增长：经过一个时间步 $t$，向超网络中添加若干个新的节点，同时由泊松分布概率

$$p(k;\lambda) = \frac{\lambda^k}{k!} \cdot e^{-\lambda}(k=0,1,\cdots)$$

生成一个随机正整数 $n$，接着选取原始网络中的 $n$ 个旧节点与这一个新添加的节点构成一

条新的超边。

其中，每次生成的随机数 $n$ 是指每次被选择的原始网络中旧节点的个数，这些旧节点被选取的概率为该节点的超度比上原始超网络中所有节点超度之和。

**3. 确定概率生成的非均匀超网络模型**

（1）初始化：初始阶段，仅有很少的 $m_0$ 个节点和一条包含这 $m_0$ 个节点的超边在网络中。

（2）增长：经过一个时间步 $t$，向超网络中添加若干个新节点，与原始网络中的旧节点构成一条新的超边。每次生成的新超边中的节点个数 $i$ 由概率 $p_i$ 决定且 $\sum_{i=1}^{m} p_i = 1$，公式中的 $m$ 为超网络构建完成时超网络所含有的超边数目。

其中，参与构成新超边的这 $i$ 个旧节点被选取的概率为该节点的超度比上原始超网络中所有节点超度之和。

# 1.7　图熵的基本概念

设 $G=(V, E)$ 是具有 $n$ 个顶点 $m$ 条边的图，其中 $V$ 是顶点集，$E$ 是边集。图 $G=(V, W)$ 的**着色**是对顶点集 $V$ 中的每个顶点分配一个颜色，使得相邻的两个顶点着不同的颜色。若用 $k$ 种颜色实现对图 $G$ 的着色，则称 $G$ 为 $k$-**着色**。图 $G$ 的色数 $\chi(G)$ 是 $k$-着色中 $k$ 的最小值。设 $\{V_1, V_2, \cdots, V_k\}$ 是图 $G$ 顶点集 $V$ 的分解，当顶点 $x, y \in V_i$ 时，其中 $i=1, 2, \cdots, k$，顶点 $x$ 和 $y$ 是不相邻的，则称 $\{V_1, V_2, \cdots, V_k\}$ 为图 $G$ 的**色分解**，$V_k$ 称为**色类**。

**定义 1.1**　设 $G$ 是具有 $n$ 个顶点的图，$\hat{V}=\{V_1, V_2, \cdots, V_k\}$ 是 $G$ 的任意一个色分解，其中 $k=\chi(G)$，则图 $G$ 中基于顶点着色的图熵 $I_c(G)$ 定义为

$$I_c(G) = \min\left(-\sum_{i=1}^{k} \frac{|V_i|}{n} \mathrm{lb} \frac{|V_i|}{n}\right) \tag{1-8}$$

以图 1.14 中的图 $G$ 为例计算 $I_c(G)$。在图 1.14 中，$\chi(G)=4$，在对 $G$ 的所有着色中存在两个不同的色分解序列分别为 $\pi_{c_1}(G)=(3, 2, 1, 1)$ 和 $\pi_{c_2}(G)=(2, 2, 2, 1)$，对 $G$ 的着色 $a$ 和 $b$ 获得色分解序列对应于 $\pi_{c_1}(G)$ 和 $\pi_{c_2}(G)$，有

$$I_{c_1}(G) = -\frac{3}{7}\mathrm{lb}\frac{3}{7} - \frac{2}{7}\mathrm{lb}\frac{2}{7} \approx 1.0403$$

$$I_{c_2}(G) = -\frac{2}{7}\mathrm{lb}\frac{2}{7} - \frac{2}{7}\mathrm{lb}\frac{2}{7} - \frac{2}{7}\mathrm{lb}\frac{2}{7} \approx 1.5492$$

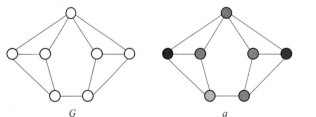
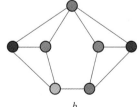

图 1.14　图 $G$

因此

$$I_c(G) = I_{c_1}(G) = -\frac{3}{7}\text{lb}\frac{3}{7} - \frac{2}{7}\text{lb}\frac{2}{7}$$

设 $H = (V, E)$ 是一个超图，$t$ 是一个整数且大于等于 2，$H$ 的 $t$-**弱着色**是用 $t$ 种颜色对顶点进行着色，每个顶点着一种颜色且同一条超边中的顶点不能全着相同的颜色。$H$ 的 $t$-弱着色是对 $V$ 的一个 $t$ 划分 $(V_1, V_2, \cdots, V_t)$，使得 $H$ 的每条非环的边至少与两个色类相交，即

$$e \in E, \; |e| > 1 \Rightarrow e \not\subset V_i \tag{1-9}$$

$H$ 的 $t$-弱着色中最小正整数 $t$ 称为 $H$ 的**色数**，记为 $\chi(H)$。

设 $H = (V, E)$ 是一个超图，$t$ 是一个整数且大于等于 2，$H$ 的 $t$-**强着色**是用 $t$ 种颜色对顶点进行着色，每个顶点着一种颜色且同一条超边中的顶点着色全不相同。$H$ 的 $t$-强着色是对 $V$ 的一个 $t$ 划分 $(V_1, V_2, \cdots, V_t)$，使得 $H$ 的每条超边与任意色分解的交集元素个数小于等于 1，即

$$e \in E, \; |e \cap V_i| \leqslant 1 \tag{1-10}$$

$H$ 的 $t$-强着色中最小正整数 $t$ 称为 $H$ 的**色数**，记为 $\chi'(H)$。

超图中定义了 6 种着色，分别为弱着色、强着色、均匀着色、好着色、正则着色和一致着色，此处只介绍了强着色和弱着色，对于其他着色，可以阅读相关文献。

对超图 $H$ 进行顶点着色 $c$，得到顶点的划分 $(V_1, V_2, \cdots, V_t)$ 称为**色分解**，$V_i$ 称为**色类**，不同 $V_i$ 中的顶点着色不同，$V_i$ 允许是空集，定义一个非增序列 $\pi_c(H) = (|V_1|, |V_2|, \cdots, |V_t|)$，其中 $|V_1| \geqslant |V_2| \geqslant \cdots \geqslant |V_t|$，称 $\pi_c(H)$ 为着色 $c$ 的**色分解序列**。

**定义 1.2（超图的图熵）** 设 $H = (V, E)$ 是具有 $n$ 个顶点的超图，$\hat{V} = (V_1, V_2, \cdots, V_k)$ 是顶点集 $V$ 的任意色分解，其中超图 $H$ 的色数为 $k$，则超图基于顶点着色的图熵 $I_c(H)$ 定义为

$$I_c(H) = \min_{\hat{V}}\left(-\sum_{i=1}^{k}\frac{|V_i|}{n}\text{lb}\frac{|V_i|}{n}\right) = \text{lb}n - \max_{\hat{V}}\left(\frac{1}{n}\sum_{i=1}^{k}|V_i|\,\text{lb}\,|V_i|\right) = \text{lb}n - \frac{h(H)}{n} \tag{1-11}$$

其中，$h(H) = \max_{\hat{V}} f(\hat{V})$，$f(\hat{V}) = \sum_{i=1}^{k}|V_i|\,\text{lb}\,|V_i|$。

以图 1.15 中的超图 $H$ 为例计算 $I_c(H)$。在图 1.15 中，$\chi'(H) = 3$，在对 $H$ 的所有着色中存在两个不同的色分解序列分别为 $\pi_{c_1}(H) = (4, 3, 2)$ 和 $\pi_{c_2}(H) = (3, 3, 3)$，对 $H$ 的着色 $a$ 和 $b$ 获得色分解序列对应于 $\pi_{c_1}(H)$ 和 $\pi_{c_2}(H)$，有

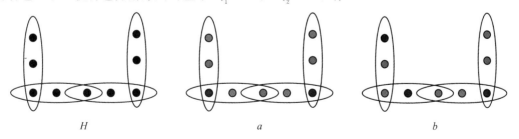

$$H \qquad\qquad\qquad a \qquad\qquad\qquad b$$

图 1.15 超图 $H$

$$I_{c_1}(H) = -\frac{4}{9}\mathrm{lb}\frac{4}{9} - \frac{3}{9}\mathrm{lb}\frac{3}{9} - \frac{2}{9}\mathrm{lb}\frac{2}{9} \approx 1.5305$$

$$I_{c_2}(H) = -\frac{3}{9}\mathrm{lb}\frac{3}{9} - \frac{3}{9}\mathrm{lb}\frac{3}{9} - \frac{3}{9}\mathrm{lb}\frac{3}{9} \approx 1.5850$$

因此

$$I_c(H) = I_{c_1}(H) = -\frac{4}{9}\mathrm{lb}\frac{4}{9} - \frac{3}{9}\mathrm{lb}\frac{3}{9} - \frac{2}{9}\mathrm{lb}\frac{2}{9}$$

# 1.8 超网络研究现状

超网络是近几年兴起的隶属于复杂网络范畴的热点研究方向。来自中国知网的数据显示，近十年来，篇名中包含"超网络"的中文文献达四百多篇，且其中超过 1/3 的论文是近五年发表的。早期对一般复杂网络的研究往往将其抽象成一个图，随着研究者对各种网络的认识逐渐加深，同时为了解决遇到的新的问题，迫切需要更有效的数学模型，超网络（或者称为复杂超网络）应运而生。

近四十年，研究者们提出了超网络的概念，并将其用于对运输系统的描述和研究。2002 年，Nagurney 等人将超网络明确定义为"高于又超于现存网络"。2008 年，在专著《超网络理论及其应用》中，王志平和王众托将超网络所满足的特征概括为：有嵌套、有拥堵、多维、多级、多属性以及全局和局部优化的不统一。这些定义倾向于网络有嵌套、规模大、连接复杂等特征。Estrada 等人认为可以用超图表示的网络是超网络，这种定义可以很好地解决复杂网络研究中的"不同质"问题。基于不同的定义，研究者们解决了许多一般复杂网络解决不了的问题，或者说更科学、有效地解决了某些问题，产生了一大批研究成果。然而，对于超网络的定义人们还不甚明了，目前没有达成一致。

依据研究超网络所用到的底层拓扑结构，可以把超网络分为两大类。

（1）基于图的超网络（Supernetwork）。尽管：① 所研究的网络具有嵌套、多层、多维等特征；② 考虑的网络存在拥堵性；③ 要面对网络中的各种最优性问题；④ 构建的网络会出现点或边赋权、边有向或无向等情况，但这些网络的底层拓扑结构都是普通图，即网络中的一条连边只连接了两个研究对象。目前，这种超网络比较主流的研究方法是基于变分不等式的方法。主要应用于对供应链超网络、知识超网络、信息传播超网络等方面的研究。

（2）基于超图的超网络（Hypernetwork）。基于超图的超网络的底层拓扑结构是超图。1970 年，Berge 首次提出了超图的概念，随后汇集相关研究者们的成果，他建立了无向超图的理论体系。经过几十年的发展，有向超图、随机超图等理论迅速发展。简单来说，超图是图的推广，更确切地说，图是超图的特殊情形。这就导致了超图的研究内容有的是图论中的自然推广，有的是全新的，但这些研究内容都与图论的研究内容有着或多或少的联系。直观地，图与超图的定义的区别主要体现在，超图中一条边可以包含任意个数的节点，而图中的一条边往往恰好包含两个节点。在信息理论中，基于信息超图的信息超网络是基于超图的超网络的一个特殊的类。

本书要研究的对象是基于超图的超网络，除特别说明外，以后简称为超网络。

在本书中，所谓的复杂网络通常是指最广泛意义上的概念，现将其与一般复杂网络（或普通网络）、基于图的超网络和基于超图的超网络的研究范畴抽象为如图 1.16 所示的关系示意图（读者可以有其他的见解和认识）。

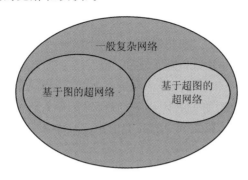

图 1.16　复杂网络的研究对象间关系示意图

下面从超网络模型的构建、重要的拓扑指标及应用等方面介绍超网络的研究进展。

**1. 超网络模型的构建**

在研究一般复杂网络时，研究者往往将其抽象成相应的一个普通图，即把研究的每一个对象都用一个顶点表示，只有当某两个顶点间存在定义的关系时才在它们之间连一条边。这种直观地构造网络的方法并不能完全刻画所有的现实世界的网络，或者说现实世界中的有些网络用普通图去刻画并不是更优的选择。例如，用节点表示作者，边表示两个作者之间的合作关系，就可以形成基于普通图的科研合作网络。但是它只能描述两个作者之间是否有合作关系，至于一篇文章有两个以上作者的情形却无从反映。

有些研究者认为，可以用二部图的模型解决类似的问题，但是依据网络中的二部图的表示方法，它的两组不相交的点集代表的是不同性质的实体类，导致一般网络图中顶点间的同质性丧失。再者，由二部图的定义，处于同一集合中的节点不能相邻接，从而现实世界网络中的某些重要信息没有有效地体现出来。用超网络进行建模就可以很好地解决上述问题。而且，在我们的日常生活中，可以找到更为生动的实例。例如，社交网络中的微信群网络，用超图可以很完美地将其刻画。每一个用户用一个节点表示，一个群用一个超边表示。由此，可以很清楚地显现出一个群有多少个成员，某两个群是否有共同的成员，某个成员在多少个群里等等，人们比较关心的信息。由于基于超图的超网络能很好地刻画很多现实世界中的网络，所以对其探索引起了研究者们的浓厚兴趣。

依据网络不同的连接机制和增长机制，研究者构造了多个确定性的超网络演化模型。另外，结合一些实证网络的具体特性构建了相应的超网络模型，如社交超网络模型、知识传播超网络模型、新陈代谢超网络模型等。

**2. 超网络重要的拓扑指标**

超网络拓扑指标对其结构分析具有重要的参考价值。其中重要的拓扑指标有超度分布、连通性、子图中心性、聚集系数、社图结构、平均路径长度、熵等。目前研究的超网络拓扑指标往往继承了一般复杂网络的相应指标，科学、合理地反映超网络不同于一般复杂网络特性的特有的指标有待进一步探索、发现。

### 3. 超网络的应用

无论是对超图理论的进一步充实，还是对超网络模型及其拓扑指标的深入研究，除了理论的意义之外，研究者们往往要进一步发掘超网络研究的应用价值。例如，Wu 等人研究了 3-一致无标度超网络的同步，并给出了 1-一致无标度超网络同步的判断依据。其他研究者也将超网络应用于不同的任务，如超网络相继故障分析、社交超网络标签标注、超网络中的小世界特性分析、超网络分类和嵌入学习、超网络重要节点识别等。Segovia 等人用超网络辨别 DNA 切块。马秀娟和赵海兴等人研究了 1+1-一致无标度超网络遭到攻击时的鲁棒性。Zhou 等人用超图研究网络的社团划分问题。Tu 等人研究了超网络表示学习。崔阳和杨炳儒概述了超图在数据挖掘领域中的几个应用。王燕总结了超图在密集无线网络优化中的应用。

超网络在社交网络分析中具有重要应用。传统的社交网络模型只能表示人与人之间的关系，而超网络可以更全面地表示人与人之间的复杂关系，如朋友关系、兴趣关系、工作关系等；可以更准确地分析社交网络中的社区结构、信息传播等问题，为社交网络的管理和优化提供更有效的手段。超网络在生物信息学领域有着广泛应用。生物系统中存在着复杂的分子相互作用关系，传统的网络模型无法完全描述这些关系，而超网络可以更好地表示分子之间的多对多关系，如蛋白质-蛋白质相互作用、基因-基因调控等，有助于揭示生物系统中的潜在规律和机制。超网络还可以应用于其他领域，如交通网络、电力系统等，可以更好地描述和分析复杂的交通流动、能源传输等问题。总之，超网络在社交网络分析、生物信息学以及其他领域都具有重要应用，可以更全面、准确地描述和分析复杂系统中的关系和相互作用。

# 1.9  本 章 小 结

众所周知，对复杂网络的研究已深入计算机科学与技术、数学等多个学科，并衍生出多个交叉学科。超网络是一种特殊的复杂网络结构，属于复杂网络的范畴，其众多内容与复杂网络相似。本章首先概述了超图的基本概念，介绍了超图与普通图之间的几种变换方式，介绍了几类典型的超图结构；然后，介绍了均匀超图和非均匀超图的概念，以及它们的演化模型，介绍了超图的图熵等基本概念；最后，介绍了超网络的研究现状。

# 参 考 文 献

[1]  BONDY J A, MURTY U S R. Graph theory[M]. New York：Springer，2008.

[2]  CVETKOVIC D M, DOOB M, SACHS H. Spectra of graphs[M]. New York：Academic Press，1980.

[3]  BRETTO A. Hypergraph theory：an Introduction[M]. NewYork：Springer Science and Business Media，2013.

[4]  张大坤，任淑霞. 超图可视化方法研究综述[J]. 计算机科学与探索，2018，12(11)：

1701 - 1717.

[5] BERGE C. Hypergraphs：combinatorics of finite sets[M]. North-Holland，1989.

[6] SUN L Z，ZHOU J，BU C J. Spectral properties of general hypergraphs[J]. Linear Algebra and its Applications，2019(561)：187 - 203.

[7] WANG J W，RONG L L，DENG Q H，et al. Evolving hypernetwork model[J]. The European Physical Journal B，2010，77(4)：493 - 498.

[8] 胡枫，赵海兴，马秀娟. 一种超网络演化模型构建及特性分析[J]. 中国科学：物理学 力学 天文学，2013(1)：16 - 22.

[9] 郭进利，祝昕昀. 超网络中标度律的涌现[J]. 物理学报，2014，32(7)：311 - 314.

[10] 胡枫. 复杂超网络的结构、建模及应用研究[D]. 西安：陕西师范大学，2014.

[11] MOWSHOWITZ. A Entropy and the complexity of graphs：Entropy measures and graphical structure[J]. Bulletin of Mathematical Biology，1968，30(4)：533 - 546.

[12] CHARTRAND G，LESNIAK L，ZHANG P. Graphs and Digraphs[M]. Brooks/Cole Pub. Co，2011.

[13] DENNING P J. The Science of computing-supernetworks[J]. American Scientist，1985，73(3)：225 - 227.

[14] SHEFFI Y. Urban transportation networks：equilibrium analysis with mathematical programming methods[M]. Prentice - Hall，1985.

[15] NAGURNEY A，DONG J. Supernetworks：Decision-making for the information age[M]. Edward Elgar Publishing，2002.

[16] 王志平，王众托. 超网络理论及其应用[M]. 北京：科学出版社，2008.

[17] ESTRADA E，RODR′IGUEZ-VEL AZQUEZ J A. Subgraph centrality and clustering in complex hyper-networks[J]. Physica A，2006，364，581 - 594.

[18] ESTRADA E，RODR′IGUEZ VEL′ AZQUEZ J A. Subgraph centrality in complex networks[J]. Physical Review E，2005，71(5)：056103.

[19] NAGURNEY A，CRUZ J，MATSYPURA D. Dynamics of global supply chain supernetworks [J]. Mathematical and Computer Modelling，2003，37 (9)：963 - 983.

[20] 刘雪娇，郭进利. 基于超网络理论的供应链网络形成过程研究[J]. 技术与创新管理，2012，33(3)：274 - 277.

[21] 董琼，马军. 供应链超网络均衡模型研究[J]. 上海理工大学学报，2011，33(3)：238 - 247.

[22] HEARN G，SCOTT D. Students staying home-questioning the wisdom of a digital future for Australian universities[J]. Futures，1998，30(7)：731 - 737.

[23] NAGURNEY A，et al. Management of knowledge Intensive systems as supernetworks：modeling，analysis，computations，and applications[J]. Mathematical and Computer Modelling，2005，42(3-4)：397 - 417.

[24] YU Y，et al. Knowledge resources Integrated model of basic scientific research achievementsbased on supernetwork[C]//International Seminar on Business and

Information Management，2009：105 - 108.

[25] CHEN T，et al. Collaborative innovation model research based on knowledge - supernetwork and TRIZ[J]. International Conference on Logistics，Informatics and Service Science，2015：1169 - 1174.

[26] 王艳灵，王恒山. 超网络上突发事件的信息传播模式构建[J]. 灾害学，2011，11(4)：106 - 109.

[27] 尚艳超，王恒山，王艳灵. 基于微博上信息传播的超网络模型[J]. 技术与创新管理，2012，33(2)：175 - 178.

[28] GHOSHAL G，ZLATIĆ V，CALDARELLI G，NEWMAN M E. Random hypergraphs and their applications[J]. Physical Review E Statistical Nonlinear & Soft Matter Physics，2009，79(2)：066118.

[29] 胡枫，赵海兴，何佳倍，等. 基于超图结构的科研合作网络演化模型[J]. 物理学报，2013(62)：198901.

[30] WANG J F. The theory foundation of hypergraphs [M]. Higher Education Press，2006.

[31] HU F，ZHAO H X，HE J B，et al. An evolving model for hypergraph-structure-based scientific collaboration networks[J]. Acta Physica Sinica，2013，62(19)，198901.

[32] 王众托. 关于超网络的一点思考[J]. 上海理工大学学报，2011，33(3)：229 - 237.

[33] JOHNSON J. Hypernetworks for reconstructing the dynamics of multilevel systems[C]//European Conference on Complex Systems，2006：25 - 29.

[34] CRIADO R，ROMANCE M，VELA-PÉREZ M. Hyperstructures：a new approach to complex systems [J]. International Journal of Bifurcation & Chaos，2010，20(3)：877 - 883.

[35] WANG L，EGOROVA E，MOKRYAKOV A V. Development of hypergraph theory[J]. Journal of Computer and Systems Sciences International，2018，57(1)：109 - 114.

[36] ZHANG Z K，LIU C. A hypergraph model of social tagging networks[J]. Journal of Statistical Mechanics：Theory and Experiment，2010，10，P10005.

[37] SUN L，WU J，CAI H. The Wiener index of r-uniform hypergraphs[J]. Bulletin of the Malaysian Mathematical Sciences Society，2016，40(3)：1 - 21.

[38] GUO J L，SUO Q. Brand effect versus competitiveness in hypernetworks[J]. CHAOS 2015，25(2)：023102.

[39] 李发旭. 复杂超网络重要测度的研究[D]. 西安：陕西师范大学，2015.

[40] 张芷源，李建华，陈秀真，等. 基于超网络的 Web 社会群体复杂关系建模[J]. 上海交通大学学报，2011，45(10)：1536 - 1541.

[41] 邓箴. 超网络中的人群重要度建模在区域发展中的应用[J]. 价值工程，2015(13)：211 - 212.

[42] 席运江，党延忠，廖开际. 组织知识系统的知识超网络模型及应用[J]. 管理科学学报，2009，12(3)：12 - 21.

[43] 沈秋英，王文平. 基于社会网络与知识传播网络互动的集群超网络模型[J]. 东南大学学报(自然科学版)，2009，39(2)：413-418.

[44] 胡枫，李发旭，赵海兴. 超网络的无标度特性研究[J]. 中国科学：物理学 力学 天文学，2017，47(6)，060501.

[45] SARKAL S，KUMAR N. Hypergraph models for cellular mobile communications systems[J]. IEEE Transactions on Vehicular Technology，1998，47(2)：460-471.

[46] ZLATIĆ V，GHOSHAL G，CALDARELLI G. Hypergraph topological quantities for tagged social networks[J]. Physical Review E，2009，80(3)：036118.

[47] 陈廷槐，康泰，姚荣. 超图的连通性及容错多总线系统的设计[J]. 中国科学：数学 物理学 天文学 技术科学，1987(12)：79-89.

[48] 曹其国，孙雨耕. 可靠通信网多总线结构的超图设计法[J]. 电子学报，1997，25(10)：88-90.

[49] XIAO Q. A method for measuring node importance in hypernetwork model[J]. Research Journal of Applied Sciences，Engineering and Technology，2013，5(2)：568-573.

[50] GALLAGHER S R，GOLDBERG D S. Clustering coefficients in protein Interaction hypernetworks[C]. Proceedings of the International Conference on Bioinformatics，2013：552-571.

[51] PORTER M A，ONNELA J P，MUCHA P J. Communities in networks[J]. Notices of the AMS，2009，56(9)：1082-1097.

[52] DOMENICO M D，SOLÉ-RIBALTA A，OMODEI E，et al. Centrality in International erconnected muitilayer networks[J]. Nature Communications，2013(6)：22432.

[53] WU Z，DUAN J，FU X. Synchroniaation of an evolving complex hyper-network[J]. Applied Mathematical Modelling，2012，38(11)：2961-2968.

[54] 马秀娟，赵海兴，胡枫. 基于超图的超网络相继故障分析[J]. 物理学报，2016，65(8)：370-379.

[55] PAN X W，HE S L，ZHU X Y，et al. How users employ various popular tags to annotate resources in social tagging：An empirical study[J]. Journal of the Association for Information Science and Technology，2016，67(5)：1121-1137.

[56] YANG G Y，LIU J G. A local-world evolving hypernetwork model[J]. Chinese Physics B，2014，23(1)：018901.

[57] 吴越，王英，王鑫，等. 基于超图卷积的异质网络半监督节点分类[J]. 计算机学报，2021，44(11)：2248-2260.

[58] KAPOOR K，SHARMA D，SRIVASTAVA J. Weighted node degree centrality for hypergraph[C]. Network Science Workshop，2013：152-155.

[59] SEGOVIA J L，COLOMBANO S，KIRSCHNER D. Identifying DNA splice sites using hyper-networks with artificial molecular evolution[J]. Bio-Systems，2007(87)：117-124.

[60] MA X，MA F，YIN J，et al. Cascading failures of k-uniform hyper-network based

on the hyper adjacent matrix[J]. Physica A，2018，510，281 – 289.

[61] ZHOU D Y，HUANG J Y，SCHÖLKOPF B. Learning with hypergraphs： clustering，classification，and embedding[C]. International Conference on Neural Information Proceedings sensing Systems，2006：104 – 113.

[62] TU K，CUI P，WANG X，et al. Structural deep embedding for hypernetworks[C]. Association for the Advancement of Artificial International Intelligence，2018：322 – 329.

[63] 崔阳，杨炳儒. 超图在数据挖掘领域的几个应用[J]. 计算机科学，2010，37(6)： 220 – 222.

[64] 王燕. 超图在密集无线网络优化中的应用[J]. 信息技术与信息化，2018，6(4)： 40 – 42.

# 第二篇　超网络演化机制及应用

　　超网络演化机制的研究，旨在揭示网络随时间和环境变化的规律。这一研究在社交网络分析、生物信息学和计算机科学等领域具有广泛应用。通过分析超网络的动态特性，我们可以优化资源配置、提高交通效率，并为个性化推荐等实际场景提供指导。超网络演化机制的研究将持续推动相关领域的创新与发展。本篇基于孟磊、冶忠林等人的研究成果，重点介绍超网络模型构建中演化机制问题，对超网络模型构建的实际应用进行探讨分析。

# 第二章

超网络是由大量的节点和超边组成，随着时间的推移，现实世界产生的数据越来越烦琐复杂，且呈爆炸式增长，使超网络不断发生演化。超网络演化机制的选择影响着超网络的演化方向，进一步影响了超网络模型构建的结果。目前关于超网络的研究中，其中大多是对超网络演化机制中增长机制的研究，很少对超网络演化机制的优先连接进行研究，并且没有更深层次的探讨超网络演化方法。基于此，本章重点介绍超网络演化机制中的优先连接机制。

## 2.1 概 述

优先连接机制是一种在超网络模型构建中使用的技术，它可以提高超网络模型的适应性和准确率。优先连接机制在自然语言、计算机视觉等任务中有显著的性能提升，有望在更多任务处理中发挥重要作用。通过优先连接机制，可以增加超网络模型中的节点和超边的数量，可以帮助基于超网络的机器学习模型学习到更具区分性的特征。

本章主要介绍赌轮法和链表法这两种超网络优先连接方法。首先介绍这两种连接方法的核心思想和演化过程，其次在均匀和非均匀超网络上进行实验仿真，对比赌轮法和链表法的实验仿真结果，并进行详细分析得到均匀超网络和非均匀超网络超度分布的一些规律，最后将赌轮法和链表法两种优先连接演化机制进行对比。

## 2.2 超网络模型构建中的优先连接方法

优先连接的核心思想是通过某种方式求得超网络中节点被选中连接的概率。节点 $i$ 被选中连接的概率 $\prod d_H(i)$ 被定义为在演化过程当前时刻节点 $i$ 的超度和当前超网络中所有节点 $j$ 的超度之和的比，即

$$\prod d_H(i) = \frac{d_H(i)}{\sum_j d_H(j)} \tag{2-1}$$

其中，$d_H(i)$ 表示节点 $i$ 的超度，$\sum_j d_H(j)$ 表示当前超网络中所有节点 $j$ 的超度之和。随

着超网络的不断演化,节点 $i$ 被选中连接的概率可能会发生变化。

优先连接反映了超网络在演化过程中节点被选中连接的概率,当节点被选中的概率越大时,该节点越有可能被选中连接,但是并不代表概率高一定会被选中连接,小概率节点也有可能被选中连接,只是概率较低。本节主要介绍两种优先连接方法,分别为赌轮法和链表法。

## 2.2.1 赌轮法

赌轮法的核心思想是在一个群体中某个个体被选择的概率,可简单地表示为

$$P_i = \frac{F_i}{\sum_{i=1}^{n} F_i} \tag{2-2}$$

其中,$F_i$ 表示个体 $i$ 被选中的概率,$\sum_{i=1}^{n} F_i$ 表示这个群体中所有个体被选中的概率和。

赌轮法又叫作轮盘赌法,可以用饼图来形象地表示该节点选择过程,个体被选中的概率与饼图中该个体所占的面积成正比。如图 2.1 所示,节点 1 占整个饼图的面积最大,那么节点 1 被选中连接的概率就大,但并不代表节点 1 一定会被选中连接。每次旋转这个轮盘,轮盘停止时,指针停留在哪个节点所对应的扇形区域,则与该节点相连接,扇形面积较小的节点同样也有可能被选中连接,只是被选中连接的概率较小。

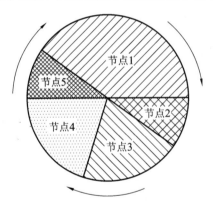

图 2.1 节点概率分布图

下面将通过一个示例对赌轮法的选择过程进行说明。假定一个简单网络中有 5 个节点(如图 2.1 所示),其中每个节点的度设为:$d_1 = 4$,$d_2 = 1$,$d_3 = 2$,$d_4 = 2$,$d_5 = 1$,通过公式(2-1)和(2-2)可以求出每个节点分别被选择的概率为:$p_1 = 0.4$,$p_2 = 0.1$,$p_3 = 0.2$,$p_4 = 0.2$,$p_5 = 0.1$,可以理解为当添加一个新节点到超网络中时,这个新节点选择与节点 1 相连接的概率率为 0.4,选择与节点 2 相连接的概率为 0.1,同样的道理,选择与节点 3、5 相连的概率分别为 0.2、0.2、0.1。

如图 2.2 所示,其为图 2.1 所示的轮盘表示的节点被选择的概率分布被转化为一个坐标轴上的累积概率分布。假设在 0 到 1 之间随机生成一个概率,如果概率为 0.1,则这个新添加的节点与节点 1 相连接;如果随机生成的概率为 0.6,则这个新添加的节点就与节点 3 相连接,其他情况以此类推。

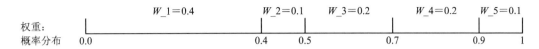

图 2.2　节点累计概率之和

为了更详细地展示细节，以下给出了赌轮法的核心伪代码：

```
输入：未增长前的网络节点个数：m₀；
      每次新增节点数：n；
      每次与 m 个已存在节点构成一条超边；
      增长后的节点数：N。
输出：用赌轮法构建超网络得到的邻接矩阵。
Begin
(1) 利用赌轮法从已有的节点中随机选择 m 个节点与新加入的节点相连接。
for i ← to m do
    b ← 0
    random_datarand(1，1)
    aa ← find(pp＞＝random_data)
    jj ← aa(1)
    b ← length(find(exist＝＝jj))
(2) 控制已经被选择过的旧节点不能再被重新选择。
    if b＞0 then
        while b＞0 do
            randon_datarand ← (1，1)
            aa ← aa(1)
            b ← length(find(exist＝＝jj))
        end while
    end while
    end if
end for
End
```

## 2.2.2　链表法

链表法的核心思想是将当前网络中节点的分布转化为链表存储，当加入新节点时，随机选择链表中的节点进行相连接。节点的度值决定了该节点在该链表中出现的次数，对该节点的分布概率造成了直接的影响，表现为节点的度值越大，该节点被选中连接的概率越大。

以下通过一个示例对链表法的选择过程进行说明。为了与赌轮法相对应，在链表法中，同样用在介绍赌轮法时的由 5 个节点构成的简单网络进行说明，即：$d_1=4$，$d_2=1$，$d_3=2$，$d_4=2$，$d_5=1$。那么，如图 2.3 所示，在存储节点的链表中，节点 1 被存储了 4 次，节点 2 被存储了 1 次，以此类推，节点 3、4、5 分别被存储了 2 次、2 次和 1 次，可以很清楚地观察到，当有新节点加入网络时，节点1被选中连接的概率最大，因为节点1在链表中储存的次数最大，是4次。需要说明的是，每个节点在链表中存储的位置是不确定的，不一定是连续的。

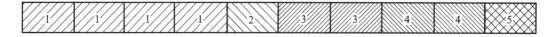

图 2.3　链表法图示化

为了更详细地展示细节，以下给出链表法的核心伪代码：

输入：未增长前的网络节点个数：$m_0$；

　　　每次新增节点数：$n$；

　　　每次与 $m$ 个已存在地节点构成一条超边；

　　　增长后的节点数：$N$。

输出：用链表法构建超网络得到的邻接矩阵。

Begin

(1) 利用链表法从已有的节点中随机选择 $m$ 个节点与新加入的节点相连接。

```
for i ← 1 to m₀ do
  list(i) ← i
end for
d ← m₀
e ← 2
cs ← 0
for n ← m₀+1; n<=N; n ← n+n₀ do
    t ← d+cs*(n₀+m)
    cs ← cs+1
  if n<=N then
    if n+add_meici>N then
        n₀ ← N−n+1
    else
        n₀ ← n₀
    end if
    for i ← 1: n₀ do
        list(t+i) ← n+(i−1)
        sf((n+i−1), e) ← 1
        k ← 1
        exist ← zeros(1, m)
        while (k<m+1) do
          B ← randint(1, 1, [1, t])
          p(k) ← B(1, 1)
```

```
      if p(k)>0 & p(k)<(t+1) then
          b ← length(find(exist==list(p(k))))
          exist(1, k)list(p(k))
```

（2）控制已经被选择过的旧节点不能再被重新选择。

```
          if b>0 then
              while b>0 do
                B ← randint (1, 1, [1, t])
                p(k) ← B(1, 1)
                b ← length(find(exist==list(p(k))))
              end while
              exist(1, k) ← list(p(k))
          end if
          list(t+n₀+k) ← list(p(k))
          sf(list(p(k)), e) ← 1
          k ← k+1
        end if
      end while
    end for
  end for
End
```

## 2.3 仿真实验及结果分析

本节将赌轮法和链表法这两种优先连接方法分别应用在均匀超网络和非均匀超网络上，进行了仿真实验，并对仿真实验结果进行详细分析。

定义一个超网络为 $G(G_0, m, n, N)$，其中 $G_0$ 表示网络的初始节点个数，$m$ 表示随机选择的网络中已存在的旧节点数，$n$ 表示当前网络新增的节点数，$N$ 表示最终网络需形成的规模，即最终的网络节点数。

在利用赌轮法和链表法优先连接方法对均匀超网络模型进行构建时，不可重复选择旧节点，且每次选择的旧节点数需满足：$m < G_0$；对非均匀超网络模型进行构建时，可重复选择旧节点，每次选择的旧节点数没有限制。为了使仿真实验结果更加稳定，实验结果为重复 50 次的平均值。实验硬件平台为 CPU：Intel(R) Xeon(R)5118；系统：Windows10；软件：MATLAB。

图 2.4～2.6 为双对数坐标下，通过赌轮法和链表法优先连接超网络演化方法对均匀超网络模型进行构建时的超度分布图。图 2.7～2.9 为双对数坐标下，通过赌轮法和链表法优先连接超网络演化方法对非均匀超网络模型进行构建时的超度分布图。图 2.4、2.7 分别为均匀和非均匀超网络模型保持 $G_0 = 5$，$n = 2$，$N = 1000$ 不变，控制旧节点数 $m$ 的变化下

的超度分布图;图 2.5、2.8 分别为均匀和非均匀超网络模型保持 $G_0=5$,$m=2$,$N=1000$ 不变,控制新增节点数 $n$ 变化下的超度分布图;图 2.6、2.9 分别为均匀和非均匀超网络模型保持 $G_0=5$,$m=2$,$n=1$ 不变,控制最终形成网络规模 $N$ 变化下的超度分布图。

从图 2.4～2.6 可以观察到,在均匀超网络中,仅当 $m$ 发生变化时,图中拟合直线的斜率与 $m$ 成正比,仅当 $n$ 发生变化时,图中拟合直线的斜率与 $n$ 成反比,仅当 $N$ 发生变化时,图中拟合直线的斜率仅有微小程度波动,对结果影响较小。将赌轮法和链表法的仿真实验结果进行对比发现,这两种方法拟合直线的斜率较相近,直线呈下降趋势,表现为高数值节点较少,低数值节点较多,且呈现出幂律分布,表现出无标度特性。

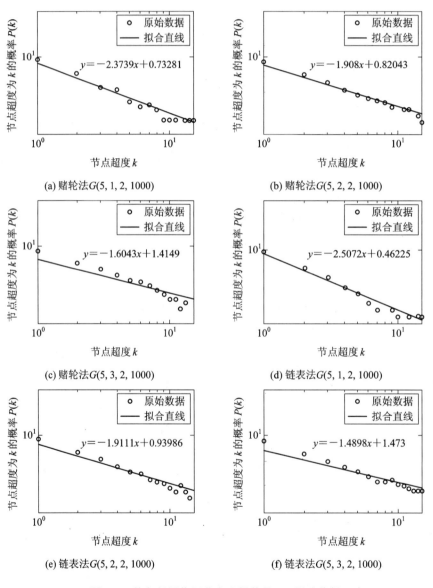

图 2.4　均匀超网络旧节点选择数量($m$)影响分析

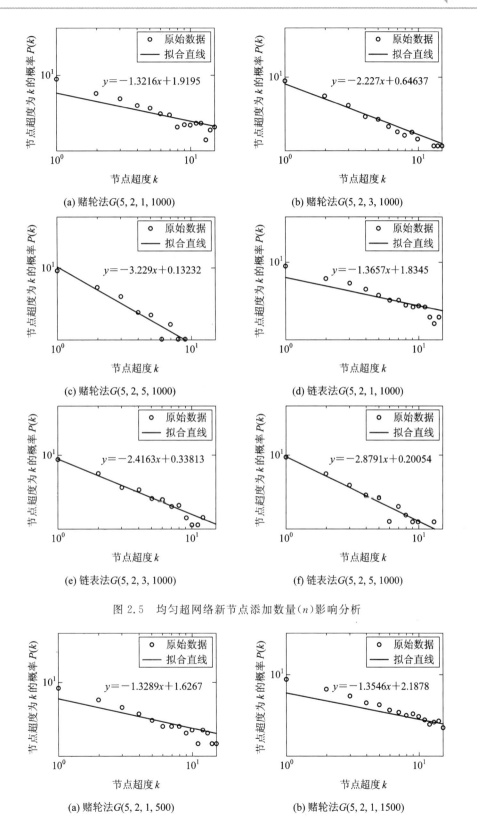

(a) 赌轮法 $G(5, 2, 1, 1000)$　　　　(b) 赌轮法 $G(5, 2, 3, 1000)$

(c) 赌轮法 $G(5, 2, 5, 1000)$　　　　(d) 链表法 $G(5, 2, 1, 1000)$

(e) 链表法 $G(5, 2, 3, 1000)$　　　　(f) 链表法 $G(5, 2, 5, 1000)$

图 2.5　均匀超网络新节点添加数量($n$)影响分析

(a) 赌轮法 $G(5, 2, 1, 500)$　　　　(b) 赌轮法 $G(5, 2, 1, 1500)$

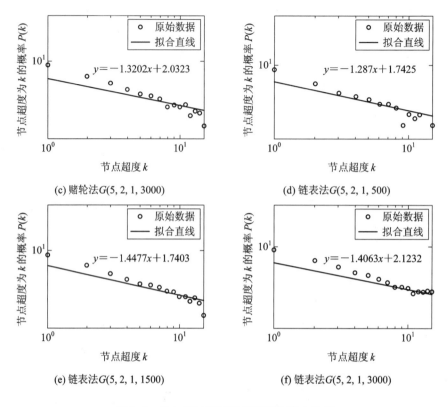

(c) 赌轮法 $G(5, 2, 1, 3000)$　　(d) 链表法 $G(5, 2, 1, 500)$

(e) 链表法 $G(5, 2, 1, 1500)$　　(f) 链表法 $G(5, 2, 1, 3000)$

图 2.6　均匀超网络网络规模（N）影响分析

从图 2.7~2.9 可以观察到，在非均匀超网络中，仅当 $m$ 发生变化时，图中拟合直线的斜率与 $m$ 成正比，仅当 $n$ 发生变化时，图中拟合直线的斜率与 $n$ 成反比，仅当 $N$ 发生变化时，图中拟合直线的斜率仅有微小程度波动，对结果影响较小。将赌轮法和链表法的仿真实验结果进行对比发现，这两种方法拟合直线的斜率较接近，直线呈下降趋势，表现为高数值节点较少，低数值节点较多，且呈现出幂律分布，表现出无标度特性。

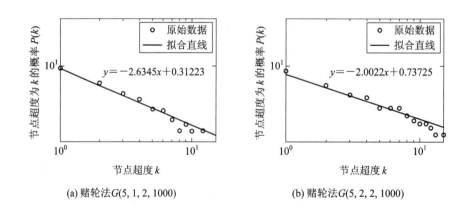

(a) 赌轮法 $G(5, 1, 2, 1000)$　　(b) 赌轮法 $G(5, 2, 2, 1000)$

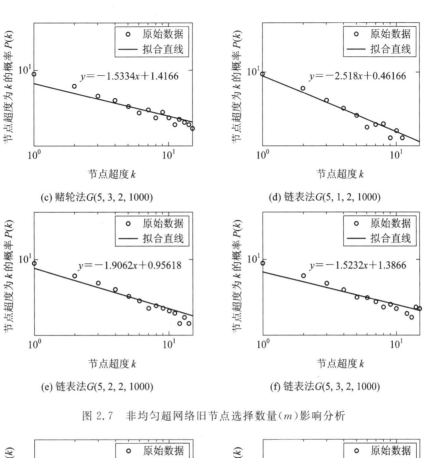

(c) 赌轮法$G(5, 3, 2, 1000)$

(d) 链表法$G(5, 1, 2, 1000)$

(e) 链表法$G(5, 2, 2, 1000)$

(f) 链表法$G(5, 3, 2, 1000)$

图 2.7　非均匀超网络旧节点选择数量$(m)$影响分析

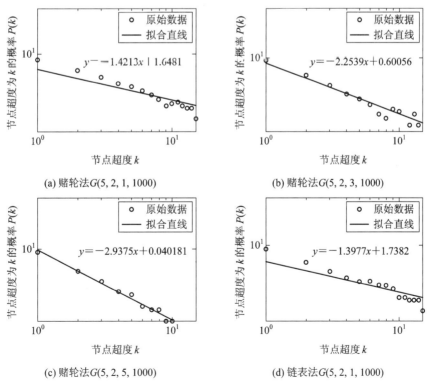

(a) 赌轮法$G(5, 2, 1, 1000)$

(b) 赌轮法$G(5, 2, 3, 1000)$

(c) 赌轮法$G(5, 2, 5, 1000)$

(d) 链表法$G(5, 2, 1, 1000)$

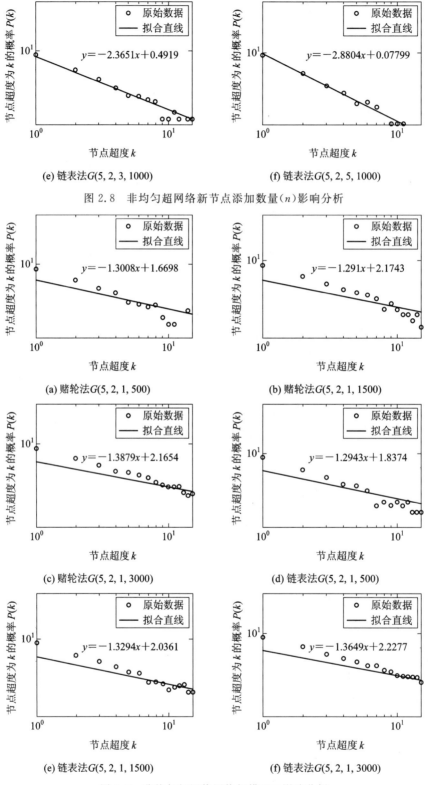

(e) 链表法 $G(5, 2, 3, 1000)$        (f) 链表法 $G(5, 2, 5, 1000)$

图 2.8 非均匀超网络新节点添加数量 $(n)$ 影响分析

(a) 赌轮法 $G(5, 2, 1, 500)$        (b) 赌轮法 $G(5, 2, 1, 1500)$

(c) 赌轮法 $G(5, 2, 1, 3000)$        (d) 链表法 $G(5, 2, 1, 500)$

(e) 链表法 $G(5, 2, 1, 1500)$        (f) 链表法 $G(5, 2, 1, 3000)$

图 2.9 非均匀超网络网络规模 $(N)$ 影响分析

结合图 2.4～2.9 的仿真实验结果发现，不管是在均匀超网络中还是在非均匀超网络中，赌轮法和链表法的仿真实验结果都较接近，且呈现出幂律分布，表现出无标度特性。

表 2-1 统计了通过赌轮法和链表法优先连接超网络演化方法对均匀和非均匀超网络模型进行构建时的运行时间。

**表 2-1　超网络模型构建时间对比**

| 超网络 | 均匀超网络时间（s） | | 非均匀超网络时间（s） | |
| --- | --- | --- | --- | --- |
| | 赌轮法 | 链表法 | 赌轮法 | 链表法 |
| $G(5, 1, 2, 1000)$ | 269.9109 | 0.54361 | 223.76282 | 0.34571 |
| $G(5, 2, 2, 1000)$ | 273.5045 | 0.7623 | 227.0609 | 0.46263 |
| $G(5, 3, 2, 1000)$ | 274.7949 | 0.78841 | 232.978 | 0.75197 |
| $G(5, 2, 1, 1000)$ | 898.6167 | 1.0217 | 834.0418 | 0.98236 |
| $G(5, 2, 3, 1000)$ | 111.9489 | 0.36571 | 108.9419 | 0.33752 |
| $G(5, 2, 5, 1000)$ | 38.8952 | 0.24094 | 38.9864 | 0.22966 |
| $G(5, 2, 1, 500)$ | 57.2147 | 0.41934 | 61.713 | 0.49712 |
| $G(5, 2, 1, 1500)$ | 4370.3161 | 3.0022 | 4160.204 | 2.9302 |
| $G(5, 2, 1, 3000)$ | 75034.9185 | 15.7561 | 69764.2433 | 18.6422 |

从表 2-1 可以观察到，不管是在均匀超网络中还是在非均匀超网络中，不管是赌轮法还是链表法，仅当 $m$ 发生变化时，模型构建时间与 $m$ 成正比，仅当 $n$ 发生变化时，模型构建时间与 $n$ 成反比，仅当 $N$ 发生变化时，模型构建时间与 $N$ 成正比。

进一步从表 2-1 可以观察到，对比通过赌轮法和链表法优先连接超网络演化方法对均匀和非均匀超网络模型进行构建时的运行时间发现，赌轮法最短运行时间大概为 38 s，链表法最长运行时间大概为 18 s，两者之间的运行时间相差很大。而且当网络规模较大时，比如当 $N=3000$ 时，赌轮法的运行时间大致为 19 h，而链表法的运行时间大致为 17 s。由此可见，在结果相差不大的情况下，链表法能减少模型构建时间，更适合于对大规模网络模型进行构建。

# 2.4　本　章　小　结

本章深层次地探讨了超网络演化机制中的优先连接方法。首先详细介绍了赌轮法和链表法这两种超网络优先连接方法。然后将赌轮法和链表法这两种优先连接方法分别应用在均匀超网络和非均匀超网络上，进行了仿真实验，并对仿真实验结果进行详细分析。最后，我们发现不管是在均匀超网络中还是在非均匀超网络中，赌轮法和链表法的仿真实验结果都较接近，且呈现出幂律分布，表现出无标度特性，在结果相差不大的情况下，链表法能减少模型构建时间，更适合于对大规模网络模型进行构建。

# 参 考 文 献

［1］ 孟磊，冶忠林，赵海兴，等. 超网络模型构建中优先连接方法研究［J］. 计算机工程，2020，46(10)：103-111.

［2］ 易兰丽，杨慧，闫强. 基于优先连接机制的微博用户评论行为建模研究［J］. 情报杂志，2018，37(6)：96－101.

［3］ 孟磊. 超网络演化机制及应用研究［D］. 西宁：青海师范大学，2020.

# 第三章

# 基于逻辑回归的超网络模型构建

逻辑回归是一种简单但有效的监督学习算法，它可以用于分类和回归任务。基于逻辑回归的超网络模型结合了超图结构和逻辑回归模型的优势，可以高效地表示对象之间的关系，也能准确地反映超网络的节点增长动力机制。

## 3.1　概　　述

现有的超网络模型的构建大都基于增长和优先连接，在构建的过程中新增节点无限制增加，新增节点与旧节点的连接数目（超边）也在无限制增加。但是在实际网络中这些是不符合现实的。在普通网络中，考虑现实资源和环境的影响，节点不可能无上限地增长，连接数目也不可能无上限地增长，在一定条件下，必然会出现最优或最大的增长数目，对应到超网络中也是一样。

此外，在现在提出的超网络模型构建中，增加的新节点总是和固定数目的旧节点相连接。在现实生活和实际网络中这也是不合理的。结合实际，随着超网络规模的增大，节点的增多，在超网络中会有更多的旧节点等待着被选择。

基于以上超网络模型构建过程中出现的问题，本章对目前超网络构建进行改进，构建了基于逻辑回归的超网络模型，并通过实验分析该超网络模型的一些性质。

## 3.2　逻辑回归模型

1938 年 Pierre FrancçoisVerhulst 提出逻辑回归（Logistic Regression，LR）模型，在他看来，如果将地球上的某个物种放在特定的环境中，这个种群会受环境的影响，不能一直无限地增长，增长值有一个上限。当这个种群的增长接近或快要达到增长上限时，它的增长速率会逐渐降低，增长比开始阶段越来越慢，甚至达到平稳，所以也被称为阻滞增长模型。逻辑回归模型通常被用来模拟人口增长曲线，在开始阶段，人类增长呈现指数爆炸增长；随着人口的增长，由于环境、资源和死亡的影响，人口增长的速度会慢慢降低；最终，人口总数达到一个饱和值趋于平稳。逻辑回归函数 sigmoid 的图像似"S"型曲线，如图 3.1 所示。

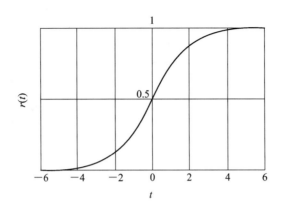

图 3.1　sigmoid 函数

最早在研究人口预测时，指数模型是最简单的增长模型。我们设时刻 $t$ 的人口总量为 $N(t)$，并将 $N(t)$ 看作连续、可微的函数。记初始时刻（$t=0$）的人口为 $N_0$。规定人口的增长率为常数 $r$，即单位时间内 $N(t)$ 的增量为 $r$ 与 $N(t)$ 的乘积。我们考虑到时间 $t$ 内人口的增量，则有

$$N(t+\Delta t)-N(t)=r \cdot N(t) \cdot \Delta t \tag{3-1}$$

令 $\Delta t \to 0$，则可以得到如下的微分方程

$$\begin{cases} \dfrac{\mathrm{d}N(t)}{\mathrm{d}t}=r \cdot N(t) \\ N(t)\big|_{t=0}=N_0 \end{cases} \tag{3-2}$$

事实上，这个模型与欧洲 19 世纪以前的人口增长是吻合的。它作为短期模型可以取得很好的效果，但是长期来看，任何地区的人口不可能无限制地增长。因为土地、水源等自然资源的供应和环境的承载能力是有限的，当人口增加到一定数量时，人口的增长就会慢下来，增长率会变小。为此，引入下面的改进模型及逻辑回归模型。

人口增长出现的阻滞现象主要是其增长率 $r$ 的变化，即表现为增长率 $r$ 随着人口数量的增加而下降。我们不妨把人口的增长率 $r$ 表示为关于人口数量 $N(t)$ 的函数 $r(N_t)$，显而易见 $r(N_t)$ 为减函数，于是式（3-2）可写为

$$\begin{cases} \dfrac{\mathrm{d}N(t)}{\mathrm{d}t}=r(N_t) \cdot N(t) \\ N(t)\big|_{t=0}=N_0 \end{cases} \tag{3-3}$$

设 $r(N)$ 是 $N_t$ 的线性函数，即

$$r(N)=r_0-s \cdot N \quad (r_0>0, s>0) \tag{3-4}$$

此时 $r_0$ 表示当人口数量较少时的增长率，即没有其他原因限制的固有增长率。假设人口最大容量为 $N_m$，这个最大容量是在地球资源和自然环境影响下的最大容量。可知，当 $N_t=N_m$ 时，增长率为零，即 $r(N_m)=r-s \cdot N_m=0$，此时 $s=r/N_m$，所以式（3-4）变成如下形式

$$r(N_t)=r\left(1-\frac{N(t)}{N_m}\right) \tag{3-5}$$

由式（3-3）和式（3-5）可得

$$
\begin{cases}
\dfrac{\mathrm{d}N(t)}{\mathrm{d}t} = r \cdot N(t)\left(1 - \dfrac{N(t)}{N_m}\right) \\
N(t)\big|_{t=0} = N_0
\end{cases}
\tag{3-6}
$$

式(3-6)即为逻辑回归函数。

逻辑回归模型在目前的工业界仍然应用非常广,是最重要的基础模型,在机器学习中大都用于解决分类问题。作为一种阻滞增长模型,逻辑回归模型在很多方面得到了应用。本章将逻辑回归模型应用到超网络模型构建过程中的节点连接上,并对构建得到的模型特性进行分析。

## 3.3 基于逻辑回归模型超网络构建方法

现有的超网络模型构建大都基于增长和优先连接两个机制,在往常超网络模型构建中,基于一个初始网络 $G_0$,每个时间步内添加 $n$ 个新节点与 $m$ 个旧节点形成新的超边,最终形成 $N$ 个网络规模的超网络,一般记作为 $G(G_0, m, n, N)$。其中旧节点的选择按照优先连接选择节点度较高的节点,详细构造方法在第2章中有介绍。

本章对以往的超网络模型构建进行了改进,得到一个基于逻辑回归的超网络模型 $G'(G_0, m, n, M, N)$。其中,$G_0$ 是初始网络,$m$ 为旧节点选择数目,$n$ 为新增节点数目,$M$ 是超边内最大节点数目,$N$ 为最终的网络规模。主要进行了以下三个方面的改进:

(1)设定每条超边的最大容量 $M$,即每条超边最多有 $M$ 个节点;

(2)用逻辑回归模型替换优先连接方法,在构建模型的过程中用逻辑回归函数替代优先连接去处理新节点与网络中旧节点的连接。即旧节点被选择的概率为

$$
\Pi_i = \frac{d_H(i) \cdot (M - d_H(i))}{\sum_j d_H(j) \cdot (M - d_H(j))}
\tag{3-7}
$$

(3)旧节点选择数目用亚线性增长函数 $f$ 代替常数 $C$,且旧节点选择数目不能超过网络总节点的增长速度。设 $f$ 是网络规模 $|V|$ 的亚线性增长函数为 $f = \sqrt{|V|}$,$f$ 也可以是其他类型的亚线性增长函数,其中 $V$ 是动态的。

常见超网络模型与逻辑回归超网络模型的对比如表3-1所示。

表3-1 常见超网络模型与逻辑回归超网络模型的对比

| 对比标准 | 超网络模型 | 逻辑回归超网络模型 |
|---|---|---|
| 初始网络 | $G_0$ | $G_0$ |
| 旧节点选择数目 | $m$ | $f$ |
| 旧节点被选择的概率 | $\Pi_i \propto d_H(i)$ | $\Pi_i \propto d_H(i) \cdot (M - d_H(i))$ |
| 超边中节点最大数目 | $\infty$ | $M$ |
| 新增节点数目 | $n$ | $n$ |
| 模型描述 | $G(G_0, m, n, N)$ | $G'(G_0, m, n, M, N)$ |

假设网络的总规模为 $N$,每条超边的容量为 $M$,每次添加新节点个数为 $n$,则每次选

择旧节点个数为 $\sqrt{|V|}$，每次添加的已选择节点最大数目为 $\sqrt{N}$，则得到 $\sqrt{|V|} \leqslant \sqrt{N}$，那么 $n + \sqrt{G_0} \leqslant \sqrt{|V|} + n \leqslant M$。因此，在这个逻辑回归的方法中，当 $\sqrt{|V|} + n > M$ 时，每次被选择旧节点个数为 $M - n$。

基于逻辑回归的超网络模型核心伪代码如下：

输入：未增长前的网络节点个数：$m_0$；

　　　每次新增节点数：$n$；

　　　每次超边内限制的最大节点数：$M$；

　　　增长后的节点数：$N$。

输出：构建的基于逻辑回归超网络的邻接矩阵。

```
Begin
  初始化超图：
for i ← 1; i<=m₀; i++ do
    A(i, 1) ← 1
end for
求累计概率：pp
S ← size(A, 1)
p ← zeros(1, S)
q ← zeros(1, S)
if length(find((A==1)))==0 then
    p(:) ← 1/S
else
    for i ← 1; i<S; i++ do
       d ← length(find(A(i, :)==1))
       q(i) ← d·(M-d)
    end for
    ss ← sum(q, 2)
    for i ← 1; i<S; i++ do
       p(i) ← q(i)/S
    end for
end if
pp ← cumsum(p)
每次选择的旧节点数：m₁
m₁ ← round(√S)
构建增长模型：
e ← 1
x ← 1
```

```
for k ← m₀+1; k≤N; k ← k+n do
    if k+n>N then
        n ← N−k+1
    end if
    if n<M && m₁>M then
        n ← n
        m ← M−n
    else if n>M && m₁<M
        n ← M−m₁
        m ← m₁
    else if n==M && m₁==M
            m ← round(n/2)
            m ← round(m₁/2)
    else if n>M && m₁>M
        while n+m₁>M do
            n ← round(n/2)
            m ← round(m₁/2)
        end while
    else
            n ← n
            m ← m₁
    end if
    list(x) ← m
    x++
    for i ← 1; i<m; i++ do
        random_data ← rand(1, 1)
        aa ← find(pp=>random_data)
        jj ← aa(1)
        A(jj, e) ← 1
    end for
    for j ← 1; j<n; j++ do
        A(k+(j−1), e) ← 1
    end for
    e++
end for
End
```

# 3.4 仿真实验及结果分析

定义一个超网络为 $G'(G_0, m, n, M, N)$，其中 $G_0$ 表示网络的初始节点个数，$m$ 表示随机选择网络中已存在的旧节点数，$n$ 表示网络新增节点数，$M$ 表示每条超边最多能容纳的节点数，$N$ 表示网络最终规模，即最终的网络节点数。

对基于逻辑回归的超网络进行构建时，实验可重复选择旧节点，每次选择的旧节点数没有限制。为了使仿真结果更加稳定，实验结果为重复 50 次的平均值。实验硬件平台为 CPU：Intel(R) Xeon(R)5118；系统：Windows10；软件：MATLAB。

图 3.2～3.5 为双对数坐标下，基于逻辑回归的超网络模型进行构建时的超度分布图。图 3.2 为保持 $G_0 = 50$，$n = 30$，$M = 50$，$N = 5000$ 不变，控制旧节点数 $m$ 的变化下的超度分布图；图 3.3 为保持 $G_0 = 50$，$m = \sqrt{V}$，$M = 100$，$N = 5000$ 不变，控制新增节点数 $n$ 的变化下的超度分布图；图 3.4 为保持 $G_0 = 50$，$m = \sqrt{V}$，$n = 50$，$N = 5000$ 不变，控制超边最大容纳 $M$ 的变化下的超度分布图；图 3.5 为保持 $G_0 = 50$，$m = \sqrt{V}$，$n = 30$，$M = 100$ 不变，控制网络最终形成的规模 $N$ 的变化下的超度分布图。

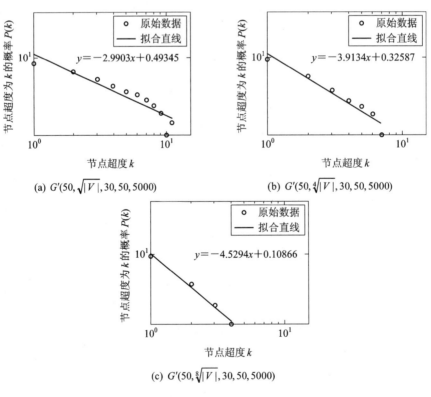

图 3.2 旧节点选择($m$)影响分析

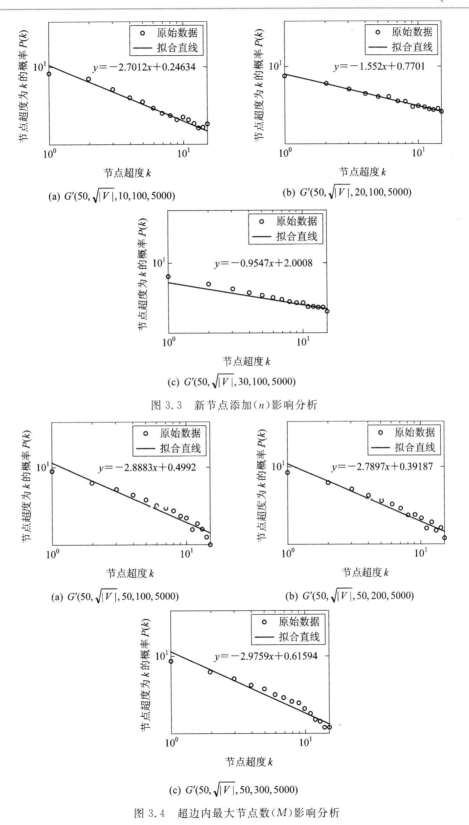

(a) $G'(50, \sqrt{|V|}, 10, 100, 5000)$　　(b) $G'(50, \sqrt{|V|}, 20, 100, 5000)$

(c) $G'(50, \sqrt{|V|}, 30, 100, 5000)$

图 3.3　新节点添加 $(n)$ 影响分析

(a) $G'(50, \sqrt{|V|}, 50, 100, 5000)$　　(b) $G'(50, \sqrt{|V|}, 50, 200, 5000)$

(c) $G'(50, \sqrt{|V|}, 50, 300, 5000)$

图 3.4　超边内最大节点数 $(M)$ 影响分析

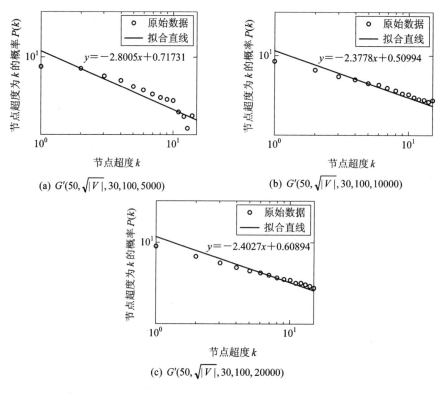

(a) $G'(50, \sqrt{|V|}, 30, 100, 5000)$

(b) $G'(50, \sqrt{|V|}, 30, 100, 10000)$

(c) $G'(50, \sqrt{|V|}, 30, 100, 20000)$

图 3.5　网络规模（$N$）影响分析

从图 3.2～3.5 可以观察到，在基于逻辑回归的超网络模型中，仅当 $m$ 发生变化时，图中拟合直线的斜率与 $m$ 成反比；仅当 $n$ 发生变化时，图中拟合直线的斜率与 $n$ 成反比；仅当 $M$ 发生变化时，图中拟合直线的斜率仅有微小程度波动，对结果影响较小；仅当 $N$ 发生变化时，图中拟合直线的斜率仅有微小程度波动，对结果影响较小。说明在构建基于逻辑回归的超网络模型时，每条超边最多能容纳的节点数和最终的网络节点数并不会影响模型的构建。

进一步分析实验结果发现，基于逻辑回归的超网络模型进行模型构建时，直线呈下降迹象，表现为高数值节点较少，低数值节点较多，且呈现出幂律分布，表现出无标度特性。

# 3.5　本 章 小 结

针对超网络模型构建中的问题，本章构建了基于逻辑回归的模型，进行了以下改进。首先，设定了超边的最大容量，避免其无限制增长；其次，设置新增节点的连接数目呈亚线性增长；最后，采用逻辑回归模型处理节点间的连接，替代原有的优先选择方法。实验结果显示，该超网络模型在双对数坐标系下呈现幂律分布，表现出无标度特性。通过对比实验，我们发现：当其他参数保持不变时，旧节点数目增加会导致超度幂律指数变大；同样，新节点数目增加也会使超度幂律指数变大，而超边的容量和网络规模的变化对超度幂律指数的影响较小。

# 参 考 文 献

［1］ 廖亮，陈颖悦，曾高发，等. 基于粒计算的逻辑回归分类方法［J］. 计算机仿真，2025，42(2)：382－388.

［2］ 李鹏越. 具有聚类特性的无标度超网络信息传播研究［D］. 西宁：青海师范大学，2024.

［3］ 陈舒婷，疏学明，胡俊，等. 基于时序超网络模型的突发事件网络舆情热点话题发现与演化［J］. 清华大学学报(自然科学版)，2023，63(6)：968-979.

# 第四章

# 基于关键词的科研合作超网络

关键词科研合作超网络是基于关键词的科研合作网络，它通过连接科研人员的研究兴趣和合作关系来描述科研合作网络。关键词科研合作超网络可以帮助科研人员发现潜在的合作伙伴，促进科研合作。关键词科研合作超网络不仅包含了科研人员之间的合作关系，还包含了科研人员的研究兴趣。这使得关键词科研合作超网络能够为科研人员提供更全面的合作信息，帮助他们发现潜在的合作伙伴。还可以帮助科研人员分析科研合作网络的结构和特征，从而更好地理解科研合作网络的运行机制。

## 4.1 概　　述

在超网络应用的研究中，关于科研合作网络和引文网络的研究有许多，科研合作网络和引文网络能够反映出文章和文章作者的重要性。Newman 等人从科研合作网络的结构等出发，实证分析了科研合作网络的功能和中心度等性质；杨娇娇统计了《MATCH》期刊2000 年到 2014 年 15 年间发表的论文，构建了科研合作网络，分析发现此科研合作网络是一个非连通网络，呈现出无标度特性和小世界特性。

关键词是整篇文章核心内容的代表词汇，通过关键词可以直接明了地点出整篇文章的主要内容及其研究领域，具有极其重要的意义。关键词还能反映出文章之间的关联程度，如果几篇文章具有相同的一个或几个关键词，那么这几篇文章研究的肯定是相同或相似的领域。通过对关键词的研究还可以预测学术热点的发展趋势。

本章构建了基于关键词的科研合作超网络模型，将关键词和相关的专家学者联系起来，并用理论推导了关键词科研合作超网络的超度分布，通过实证数据进行仿真实验分析此科研合作超网络模型的特性。

## 4.2 基于关键词的科研合作超网络模型构建

### 4.2.1 模型的构建

本章中构建的超网络模型是基于超图的超网络。在我们查找文献时，输入一个关键词会出来许多与这一领域相关作者。在构建基于关键词的科研合作网络时，我们把关键词当作超网络的超边，把与关键词相关的作者当作超网络的节点。作者出现在同一条超边中表示这些作者是研究同一个领域的人，每条超边里面的多个节点即研究同一个关键词的作者。在不同的关键词下，可能有相同的作者，这在超网络中表示不同的超边通过公共节点邻接。

本章构建的超网络模型具体演化过程如下：

（1）初始化：超网络中有 $m_0$ 个作者，这些作者研究同一个领域组成一条超边，即属于同一个关键词。

（2）增长：每个时间步 $t$ 内增加一个关键词。

设 $i$ 个作者研究同一关键词的概率为 $p_i$，新增关键词中包含 $j$ 个原有作者的概率为 $q_j$，其中 $\sum\limits_{i=1,2,3,\cdots} p_i = 1$，$\sum\limits_{j=1,2,3,\cdots,m_0} q_j = 1$，当 $j = m_0$ 时，表示研究同一个关键词的作者全是原有的旧作者；当 $j = 0$ 时，表示研究同一个关键词的作者都是新作者。

（3）优先选择：每个时间步 $t(t=1,2,3,\cdots)$ 内给网络中添加 1 个新作者（新节点），这一个新作者与网络中已有的 $m_2(m_2 \leqslant m_0)$ 个原有作者（旧节点）形成一个新的研究领域即新关键词（生成一条新的超边）。选取旧节点的概率为节点的超度与原始超网络中所有节点超度之和的比，即满足

$$\Pi_i = \frac{d_H(i)}{\sum\limits_j d_H(j)} \tag{4-1}$$

其中，$d_H(i)$ 表示作者 $i$ 的超度，对应到关键词超网络中即为作者 $i$ 研究的关键词数量；$\sum\limits_j d_H(j)$ 表示所有作者的超度之和，即超网络中所有作者相关联的关键词的总数。

## 4.2.2　理论分析

在上节中，讲述了基于关键词的科研合作网络的构建方法，本节将用连续场理论对该超网络的演化做理论分析。

设每个时间步为 $t$，增加一条超边（即一个关键词），其中在这条新添加的超边中共有 $m$ 个节点，这 $m$ 个节点中有 $m_1(m_1 \leqslant m)$ 个节点是网络中原有的节点（旧节点）。设节点 $i$ 的超度变化是连续的，由连续化方法可得

$$\frac{\partial d_H(i)}{\partial t} = m_1 \cdot \Pi_i \tag{4-2}$$

在式（4-1）中，$\sum\limits_j d_H(j)$ 为 $t$ 时刻时超网络所有节点超度之和，即时间 $t$ 时所有作者关联的所有关键词个数之和，即

$$\sum\limits_j d_H(j) = m_0 + mt \tag{4-3}$$

其中，$m_0$ 为初始时刻节点个数（关键词个数）。

结合式（4-1）、（4-2）和（4-3）可得

$$\frac{\partial d_H}{\partial t} = m_1 \frac{d_H}{m_0 + mt} \tag{4-4}$$

当 $t \to \infty$ 时，可得

$$\frac{\partial d_H}{\partial t} \approx m_1 \frac{d_H}{m \cdot t} \tag{4-5}$$

又每个节点进入超网络时的初始超度为 1，即 $d_H(t_i) = 1$，结合式（4-5）解微分方程，得

$$d_H(t) = \left(\frac{t}{t_i}\right)^{\frac{m_1}{m}} \tag{4-6}$$

从式（4-6）得

$$P(d_H(t) < d_H) = P_H\left(t_i > \frac{t}{d_H^{m/m_1}}\right) \tag{4-7}$$

则

$$P\left(t_i > \frac{t}{d_H^{m/m_1}}\right) = 1 - P\left(t_i \leqslant \frac{t}{d_H^{m/m_1}}\right) \tag{4-8}$$

假设每次增加新节点都是等时间间隔的，那么 $t_i$ 就具有一个为常数的概率密度

$$P(t_i) = \frac{1}{t} \tag{4-9}$$

故由式（4-8）和（4-9）可得

$$P\left(t_i > \frac{t}{d_H^{m/m_1}}\right) = 1 - \frac{t}{d_H^{m/m_1} \cdot t_i} \tag{4-10}$$

所以超网络的瞬时超度分布为对式（4-10）求导，即

$$P(d_H) = \frac{m}{m_1} d_H^{-(1+m/m_1)} \tag{4-11}$$

# 4.3 仿真实验及结果分析

## 4.3.1 数据集说明

本章实验所使用的数据集由著者设计的一个 Python 爬虫程序爬取得到。本文使用的数据来自知网。首先在知网中分三个领域（人工智能、生物、财经）爬取了 6000 篇文章；然后对其进行关键词提取，共提取了约 18 000 个关键词，对得到的关键词进行去重和筛选，得到约 7500 个关键词，每个领域约 2500 个关键词；其次，将经过处理的关键词输入百度学术搜索引擎中，将与每个关键词相关的作者爬取出来，每个关键词约有 3～5 个相关作者；最后对得到的相关作者姓名进行去重、去特殊字符和筛选，最终得到实验所需数据。具体方法下节将详细介绍。

## 4.3.2 关键词爬取

本章实验中研究的关键词主要是中文文献中的关键词，主要对人工智能、生物和财经

三个领域的关键词和相关作者进行了研究。图 4.1 为使用 Python 程序爬取所需数据的主要步骤。

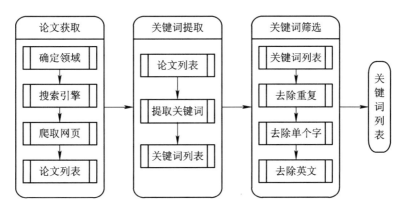

图 4.1 关键词获取流程图

（1）论文的获取。在论文搜索引擎知网中分三个领域爬取论文，主要获取每篇论文的题目、作者、关键词和参考文献等信息。

（2）关键词提取。将所需关键词从第一步获取的信息中提取出来。

（3）关键词筛选。将提取出来的关键词做去重、去单个字和去英文处理。

（4）爬取每个关键词对应的相关领域的作者。将第三步得到的关键词依次输入百度学术搜索引擎中，爬取每个关键词所对应的相关作者。图 4.2 为搜索得到的相关作者展示，方框内为与此关键词相关的作者。

图 4.2 百度学术搜索 2016～2018 年词频与相关作者

### 4.3.3 超网络模型的构建与分析

为了用实际数据验证上节中构建的基于关键词的科研合作超网络模型，我们对爬取出来的三个领域的关键词和每个关键词对应的作者进行了仿真实验。图 4.3 为构建的三个领域内基于关键词超网络的超度分布图。

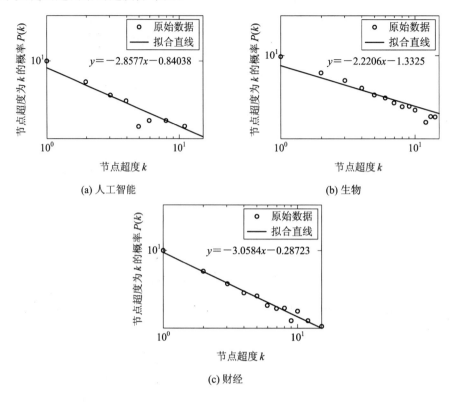

(a) 人工智能          (b) 生物

(c) 财经

图 4.3　超网络模型超度分布

从图 4.3 中明显可以发现，基于关键词的科研合作超网络节点的超度分布在双对数坐标下大致呈幂律分布，说明每个关键词对应的相关作者在每个领域内都呈幂律分布，显示了无标度特性。

在超网络动态模型动态演化时，累积性和优先连接性是无标度超度分布呈现幂律分布的最主要的两个原因。累积性就是节点的增加，对应本节中所构造的超网络模型就是指研究某个关键词的相关作者的增加；优先连接性是指度比较大的节点优先连接的概率较大，在本节指相关作者在选取研究话题时通常会优先选取比较热门的话题来研究。

# 4.4　本章小结

本章主要研究了超网络模型的应用，基于超图理论构建了关键词超网络。首先，我们用连续理论推导了超网络的构建过程，得到了基于关键词的超网络模型度分布理论值。然后，又根据从知网中爬取的数据，从人工智能、生物和财经三个领域展开实验，用实例分析了关键词——相关作者超网络。最后，通过实验发现，关键词——相关作者超网络是一个非连通网络，并且呈现出明显的无标度特性和小世界特性。当研究者选择科研方向时，通常更倾向于非常热门的话题来研究，某一个关键词在一段时间内会成为中心节点。

# 参 考 文 献

［1］　NEWMAN M E J. Scientific collaboration networks. I. Network Construction and Fundamental Results［J］. Physical Review E Statistical Nonlinear ℰ Soft Matter Physics，2001，64(1)，016131.

［2］　NEWMAN M E J. Scientific collaboration networks. II. Shortest paths，weighted networks，and centrality［J］. Physical Review E Statistical Nonlinear ℰ Soft Matter Physics，2001，64(1)：016132.

［3］　杨娇娇. 基于《MATCH》的科研合作网络与引文网络研究［D］. 西宁：青海师范大学，2015.

# 第三篇　超网络的全终端可靠度

超网络的全终端可靠性研究的意义不仅在于技术层面的深入探索，更在于其对社会经济、生活品质以及网络科学发展的深远影响。随着网络社会的快速发展，超网络模型在描述复杂系统中的作用日益凸显，其可靠性直接关系到企业运营、服务品质、数据安全等多个方面。本篇结合超图理论与基于张科、冶忠林等人的研究，详细介绍了基于超图的超网络在边失效下的全终端可靠度。首先，研究超网络可靠性问题；其次，探讨与可靠度相关的广义超树性质与计数；再次，介绍超图可靠度计算；最后，构建特定条件下的最优或最差超网络。

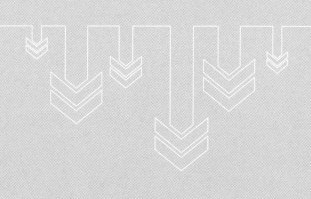

# 第五章

# 超网络可靠度计算

　　截至 2023 年,有关超网络可靠度的直接相关的研究结果几乎没有,本章的内容是关于超网络可靠度的最基础探索。由超网络可靠度的定义可知,类比方法不失为研究问题的一种基本方法,在探讨超网络可靠度的基本计算方法时,也沿用了这一方法的思想,得到了一些基本的结果。通过与普通图的可靠度比较发现,计算超网络的可靠度要复杂得多,并且不能将超图变换为普通图作替代研究。

## 5.1　概　　述

　　在研究网络可靠性的多种不同的模型中,全终端可靠度作为网络可靠性之生存性方面的常用的度量,受到了很多的关注。像电力网、交通网、计算机网络等对可靠性高度敏感的网络,全终端可靠度是更为重要的一种网络可靠性度量。本章的研究对象是超网络全终端可靠度,即在边按一定概率失效下相应的网络的所有节点保持连通的概率。

　　设连通超图 $H = (V, E)$ 的边集为 $E = \{e_1, e_2, \cdots, e_m\}$。超边 $e_i$ 失效的概率为 $1 - p_i$,且每条边失效与否相互独立,则 $H$ 的全终端可靠度为

$$R_H = \sum_{H' \in C(H)} \left( \prod_{e_i \in E'} p_i \cdot \prod_{e_j \in E \setminus E'} (1 - p_j) \right) \qquad (5-1)$$

其中,$H'$ 为 $H$ 的连通生成子超图,$H'$ 组成的集合为 $C(H)$。若每条边失效的概率相同,则 $H$ 的全终端可靠度可表示为

$$R(H, p) = \sum_{i=0}^{m} s_i(H)(1-p)^{m-i} p^i \qquad (5-2)$$

其中,$s_i(H)$(或简记为 $s_i$)表示 $H$ 中具有 $i$ 条边的连通生成子超图的个数。

　　研究发现对于判断一个超图连通与否这一问题,将相应的超图变换为普通图来判断是可行的。这样就可以间接地求出相应超网络的可靠度。这是设计具有普适性的计算超网络可靠度的转换算法的核心思想。本章最后以两个实际的信息超网络为例,依据超网络可靠度的计算结果,可以采用简单的方法对相应的超网络进行优化。

　　连通的超图中边数最少的连通生成子超图对应着普通图中的生成树。树是图论中的基本的研究对象,图的生成树个数与对应一般复杂网络可靠度有着密切的联系。但是这种边数最少的连通的生成子超图,用传统的超树的定义无法描述。与树的定义相比,从不同角

度出发的"超树"的定义要复杂得多，并且不同的定义之间不是等价的。所以要对传统的超树的定义进行推广。与树在图中的地位一样，不同定义下的"超树"是超图中的具有基础性意义的结构，它们在超网络的全终端可靠度研究中扮演着重要的角色。本书的第八章将深入探讨这方面的问题。

# 5.2　超网络可靠度的基本计算方法和可靠度的化简

即使是在网络科学高速发展的今天，计算网络的可靠度仍然是一件极具挑战性的事情。近年来由于在组合学中的合理性和在应用上的有效性，越来越多的研究者在尝试用超图对一些复杂系统进行建模。随着超图设计理论的进一步发展，超图可靠性研究和应用将受到越来越多的关注。然而，对超网络可靠性的研究仍然是一个极少有人涉足的领域。超网络可靠度的计算方法是其中的一个基础性研究内容。

## 5.2.1　超网络可靠度的基本计算方法

鉴于一般网络可靠度的计算方法，对于超网络可靠度的计算，下面给出两个基本方法。

### 1. 状态枚举法

状态枚举法是一种在软件开发中用于管理对象状态的方法，它通过定义一组有序的状态枚举来描述对象可能处于的各种状态。这种方法使得状态的管理变得清晰和有序，有助于提高代码的可读性和可维护性。在状态枚举法中，每个状态通常都对应一个具体的操作或行为，对象的状态变化通过一系列的状态转换来实现。超网络的状态枚举法是一种在超网络中用于管理状态的方法，它通过定义一组有序的状态来描述超网络可能处于的各种状态。这种方法使得状态的管理变得清晰和有序，有助于提高超网络的性能和稳定性。

设超图 $H=(V,E)$ 的顶点集为 $V=\{v_1,v_2,\cdots,v_n\}$，边集为 $E=\{e_1,e_2,\cdots,e_m\}$。因为仅仅考虑边随机失效的情形，所以每一条边只有失效和不失效（存活）两种状态。将边集的状态向量定义为 $\boldsymbol{X}=(x_1,x_2,\cdots,x_m)$，其中相应边的状态指示变量 $x_1,x_2,\cdots,x_m$ 都是二进制布尔变量：

$$x_i=\begin{cases}1, & e_i \text{ 不失效}\\0, & e_i \text{ 失效}\end{cases}; i=1,2,\cdots,m \tag{5-3}$$

由此，在假设指示变量都是随机变量的前提下，所有的超图 $H$ 的生成子超图就会组成一个随机系统 $H$。易知 $|H|=2^m$。$H$ 的连通生成子超图的个数记为 $\zeta(H)$（简记为 $\zeta$）。

假设 $m$ 个随机变量 $x_1,x_2,\cdots,x_m$ 是相互独立的，它们的概率分布为

$$P_i=\begin{cases}p_i, & x_i=1\\1-p_i, & x_i=0\end{cases}; i=1,2,\cdots,m \tag{5-4}$$

为了计算超网络 $H$ 的可靠度，由假设，可以把状态枚举法的计算方法总结为如下定理的形式。

**定理 5.1**　边失效下超图 $H$ 的全终端可靠度为

$$R(H)=\sum_{k=1}^{\zeta}\prod_{i=1}^{m}P_i \tag{5-5}$$

式(5-5)的右边是关于 $P_i$ 的 $m$ 次齐次多项式,其中 $i=1,2,\cdots,m$,共有 $\zeta$ 项,并且 $R(H)$ 的每一项只含有因子 $p_i$ 或 $1-p_i(i=1,2,\cdots,m)$。称其为超图 $H$ 的标准可靠多项式。

状态枚举法是计算超网络可靠度的最直观的方法。用于计算一般复杂网络可靠度的状态枚举法是它的特殊情形。考虑如图 5.1 所示的具有 4 条边的超图,为了用状态枚举法计算其可靠度,需要考察 16 个边集的子集合。其中,有 8 个对应着该超图的连通生成子图。所以其全终端可靠度为

$$
\begin{aligned}
R(p_1,p_2,p_3,p_4)=&p_1(1-p_2)(1-p_3)p_4+(1-p_1)p_2(1-p_3)p_4+\\
&(1-p_1)(1-p_2)p_3p_4+p_1p_2p_3(1-p_4)+\\
&p_1p_2(1-p_3)p_4+p_1(1-p_2)p_3p_4+\\
&(1-p_1)p_2p_3p_4+p_1p_2p_3p_4
\end{aligned}
\tag{5-6}
$$

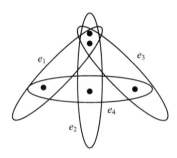

图 5.1　一个具有 5 个顶点 4 条边的简单 3--一致超图

### 2. 因式分解法

复杂网络的因式分解法是一种分析复杂网络结构的方法,它旨在将网络分解为若干个子网络或模块,这些子网络之间具有一定的联系,但同时也具有相对独立的特性。因式分解法的目的是揭示网络中的模块化结构,从而更好地理解网络的功能、动态行为和信息传播特性。

使用因式分解法来计算一般复杂网络的可靠度最早是由 Moskowitz 和 Mine 提出的。目前,有很多研究者利用因式分解法来计算一般复杂网络的可靠度。下面将计算一般复杂网络可靠度的因式分解法推广到超网络。在超网络中,进行收缩或删除的边可以是超边,从而扩大了其在一般复杂网络可靠度研究中的应用范围。下面以定理的形式给出计算超网络可靠度的因式分解法,并证明了其正确性。

**定理 5.2**　超图 $H$ 中的某条边 $e_i$ 只有失效和不失效两种状态。对应着这两种状态的超图 $H$ 的连通子超图可以分为两类,其全终端可靠度可表示为

$$
R(H)=p_iR(H\backslash e_i)+(1-p_i)R(H-e_i)
\tag{5-7}
$$

其中,$H\backslash e_i$ 和 $H-e_i$ 分别表示在 $H$ 中收缩和删去边 $e_i$ 后所得到的超图。

**证明**　$H$ 的所有生成子超图中,$e_i$ 作为其一条边的连通生成子超图所占的概率为 $p_iR(H\backslash e_i)$,$e_i$ 不是其一条边的连通生成子超图所占的概率为 $(1-p_i)R(H-e_i)$。从而 $H$ 的连通生成子超图的概率为

$$
R(H)=p_iR(H\backslash e_i)+(1-p_i)R(H-e_i)
$$

对于图 5.1 所示的超图，下面用因式分解的方法计算它的可靠度。选择 $e_4$ 进行收缩和分解，如图 5.2 所示。得到的全终端可靠度与用状态枚举法得到的结果一致。

$$
\begin{aligned}
R(p_1, p_2, p_3, p_4) = {} & p_4 R(H \backslash e_4) + (1 - p_4) R(H - e_4) \\
= {} & p_4 [p_1 (1 - p_2)(1 - p_3) + (1 - p_1) p_2 (1 - p_3) + \\
& (1 - p_1)(1 - p_2) p_3 + p_1 p_2 (1 - p_3) + p_1 (1 - p_2) p_3 + \\
& (1 - p_1) p_2 p_3 + p_1 p_2 p_3] + p_4 p_1 p_2 p_3 \\
= {} & p_1 (1 - p_2)(1 - p_3) p_4 + (1 - p_1) p_2 (1 - p_3) p_4 + \\
& (1 - p_1)(1 - p_2) p_3 p_4 + p_1 p_2 p_3 (1 - p_4) + p_1 p_2 (1 - p_3) p_4 + \\
& p_1 (1 - p_2) p_3 p_4 + (1 - p_1) p_2 p_3 p_4 + p_1 p_2 p_3 p_4
\end{aligned}
\tag{5-8}
$$

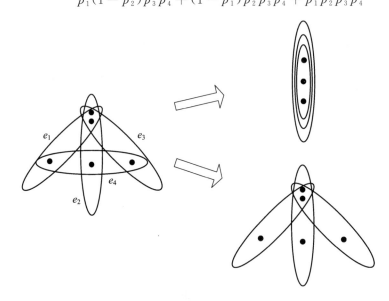

图 5.2 因式分解法应用于图 5.1 中的超图

## 5.2.2 超网络可靠度的化简

对于具有 $m$ 条边的超图 $H$，用 5.2.1 小节提出的因式分解法计算其可靠度的时间复杂度为 $O(2^m)$。由因式分解法的计算原理，如果一个超图的边数减少一条，则计算其可靠度的时间复杂度降为原来的一半。所以在计算超网络的可靠度时，对其可靠度的计算进行等价化简具有重要意义。现实世界的很多超网络都具有串联、并联以及具有 1 度顶点等结构特点，使得这种等价化简具有可操作性。

**1. 计算具有 1 度顶点的超网络可靠度的化简**

**定理 5.3** 设 $e_0$ 为超网络 $H$ 的一条具有 1 度顶点的边，且 $e_0$ 存活的概率为 $p_0$，则 $H$ 的可靠度为

$$
R(H) = p_0 R(H \backslash e_0)
\tag{5-9}
$$

**证明** 由定理 5.2，有

$$
R(H) = p_0 R(H \backslash e_0) + (1 - p_0) R(H - e_0)
$$

因为超边 $e_0$ 中含有 1 度顶点，所以子超图 $H - e_0$ 不连通，故 $R(H - e_0) = 0$。命题得证。

在图 5.3 中，给出了利用因式分解定理计算一个具有 1 度点的超图的可靠度的实例。由此可知，利用因式分解定理计算超网络可靠度时计算的难易程度依赖于选边的顺序。

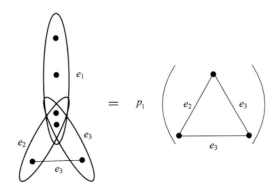

图 5.3　将因式分解法应用于一个具有 1 度顶点的超图

**2. 串联超网络和并联超网络的可靠度**

很多大规模的超网络都可以最终分解成一些基础超网络，或者这些网络是在某个基础超网络上建立的，下面研究两类基础超网络，即串联超网络和并联超网络。

1）串联超网络的可靠度

在普通复杂网络中，串联网络的拓扑结构是图论中的一条路。超网络中的串联形式表现出复杂多样的特点。它们都表现为任何一条边失效都会导致该串联网络不连通。从而串联超网络的可靠度为

$$R(H_s) = \prod_{i=1}^{m} p_i = p_1 p_2 \cdots p_m \tag{5-10}$$

如果所有的链路都具有相同的存活的概率 $p$，则

$$R(H_s) = \prod_{i=1}^{m} p = p^m \tag{5-11}$$

图 5.4 中所示的是具有 5 个顶点 2 条边的所有串联超网络，它们的可靠度均为 $p_1 p_2$。

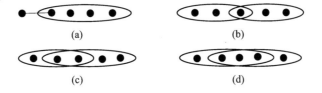

图 5.4　具有 5 个顶点 2 条边的所有串联超网络

2）并联超网络的可靠度

并联超网络的特点在于只有所有的超边都失效了它才会失效。其可靠度为 1 减去所有边失效的概率的乘积，即

$$R(H_p) = 1 - \prod_{i=1}^{m} (1 - p_i) = 1 - (1 - p_1)(1 - p_2) \cdots (1 - p_m) \tag{5-12}$$

如果所有的链路都具有相同的存活的概率 $p$，则

$$R(H_p) = 1 - \prod_{i=1}^{m}(1-p) = 1-(1-p)^m \tag{5-13}$$

这种严格的要求导致并联超网络的形式单一。它的任何一条平行的边都要包含网络中的所有的顶点。图 5.5 给出了具有 5 个顶点 2 条边的两个超网络，其中超网络(a)是并联的，超网络(b)不是并联的。

(a)             (b)

图 5.5　具有 5 个顶点 2 条边的两个超网络

## 5.3　超网络和普通网络可靠度比较

假设所研究的普通图或超图中的所有顶点都是可靠的，所有的边都是不可靠的，边失效的概率均为 $1-p$，并且是否失效是相互独立的。

从可靠性的角度，可以看出普通图与超图结构上的区别。下面用两个实例加以说明。

**例 5.1**　证明：找不到一个普通图，使之与图 5.1 中的超图具有相同的可靠度。

**证明**　假设图 5.1 中的超图的可靠度是关于 $p$ 的多项式

$$R(p) = 3(1-p)^2 p^2 + 4(1-p)p^3 + p^4 \tag{5-14}$$

如果存在一个图 $G$，其可靠度也为 $R(p)$，则 $n(G) \leqslant 5$。否则连通的图 $G$ 至少有 5 条边。

当 $n(G) = 5$ 时，具有 4 条边的连通的图 $G$ 的结构是确定的，即为具有 5 个点的树，不同构的结构有 3 种，它们的可靠度均为 $p^4$，不等于 $R(p)$。

当 $n(G) = 4$ 时，具有 4 条边的连通的图 $G$ 的不同构的结构共有 4 种，如图 5.6 中所示的 $G_1$、$G_2$、$G_3$ 和 $G_4$，它们的可靠度分别为

$$R(G_1, p) = 4(1-p)p^3 + p^4$$

$$R(G_2, p) = 3(1-p)p^3 + p^4 \tag{5-15}$$

$$R(G_3, p) = R(G_4, p) = 2(1-p)p^3 + p^4 \tag{5-16}$$

均与 $R(p)$ 不相等。

因此，当 $n(G) = 3$ 时，具有 4 条边的连通的图 $G$ 的不同构的结构共有 3 种，如图 5.6 中所示的 $G_5$、$G_6$ 和 $G_7$，它们可靠度分别为

$$R(G_5, p) = 5(1-p)^2 p^2 + 4(1-p)p^3 + p^4$$

$$R(G_6, p) = 3(1-p)^2 p^2 + 3(1-p)p^3 + p^4 \tag{5-17}$$

$$R(G_7, p) = 4(1-p)^2 p^2 + 4(1-p)p^3 + p^4$$

当 $n(G) = 2$ 时，具有 4 条边的连通的图 $G$ 的结构是唯一确定的，即为具有 4 条边的并联网络，如图 5.6 中所示的 $G_8$，其可靠度为

$$R(G_8, p) = 4(1-p)^3 p + 6(1-p)^2 p^2 + 4(1-p)p^3 + p^4 \tag{5-18}$$

不等于 $R(p)$。

因此，假设不成立，即找不到一个普通图，使之与图 5.1 中的超图具有相同的可靠度。

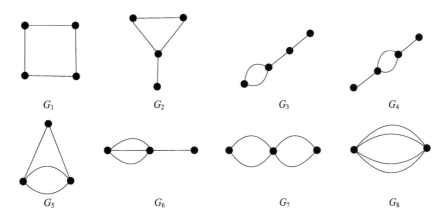

图 5.6　具有 4 条边的点数分别为 4、3、2 的图

**例 5.2**　已知具有 4 条边的不同构的树结构有 3 种，而仅仅在线性 3-一致超图范围内，具有树结构(任意去一条边不连通)的不同构超图就有 7 种，如图 5.7 所示。

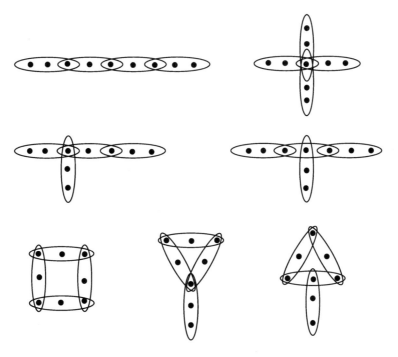

图 5.7　具有 4 条边的 3-一致线性(广义)超树

以上两个实例表明普通图与超图之间的连接边的细微差别会导致对应结构间的根本性差别。在超图中，顶点间连边方式的多元化使得超图的结构本身更为复杂多样。对于超网络的可靠度，将相应的超图变换为普通图进行的替代研究是不等价的。所以针对超图或超网络本身的新理论和方法的研究是重要的。

# 5.4 稀疏超网络可靠度的一个算法及其应用

超网络可用于刻画诸如计算机系统、无线通信网络等信息网络，而这些网络对可靠性有较高的要求。衡量超网络在边失效下所有顶点保持连通的可能性度量，即可靠度的概念，是反映相应超网络可靠性的一个重要方面。依据该概念给出了计算超网络可靠度的一种转换算法，该算法具有普适性。并将可靠度用于研究两个真实的复杂系统——多总线多传感器系统和无线通信超网络，证实了用简单的方法就可以优化这些系统的可靠性。

## 5.4.1 超网络在信息网络中的应用概述

近几十年来，网络科学的飞速发展已经证实复杂网络理论是研究真实复杂系统的强有力工具。随着对复杂系统研究的不断深入，一些研究对象的普通图表示不能够彻底地刻画相应的研究对象，这种方式构建的关系丧失了顶点之间的"同质性"。因此，研究人员也在积极探索如何表示对象之间的复杂关系。由于超网络在表示某些复杂系统多关系方面的优越性，对超网络的研究引起了研究者们广泛的关注。许多研究人员用超图来描述和研究通信网络和计算机网络。

### 1. 超网络在网络可靠性中的应用

网络可靠性作为衡量网络性能的重要依据是系统科学的研究热点，而超网络可靠性是网络可靠性的延伸。通常信息网络中的许多问题都表示为普通图来加以解决，因为这些系统可以通过现有的物理链接自然地抽象为图。关于信息网络可靠性的许多研究结果都与连通度、容错性、相继故障、抗毁性和覆盖控制有关。虽然基于超图理论的超网络可靠性研究结果很少，但是网络可靠性理论的应用在超网络模型中的推广是一个有趣的研究课题。

### 2. 超网络在社交网络分析中的应用

社交网络已成为人们日常生活中不可或缺的一部分，其复杂性和动态性对分析提出了更高的要求。超网络作为一种能够整合多层次网络结构的工具，为社交网络分析提供了新的视角和方法。

在社交网络中，用户之间的关系并不仅限于直接的关注或好友关系，还包括兴趣爱好、地理位置、职业背景等多种联系。超网络通过将这些复杂的关系整合到一个统一的框架中，可以更全面地揭示社交网络的内在结构和动态演变过程。例如，通过构建基于超网络的社交网络模型，研究人员可以分析用户之间的信息传播路径、社区结构和用户行为模式，从而为用户提供更精准的推荐服务、舆情监控和社交广告。

此外，超网络还可以帮助研究人员解决社交网络中的一些问题，如用户隐私保护、虚假信息传播等。通过超网络的层次化结构和超边的定义，可以更加灵活地处理社交网络中的敏感信息和异常行为，提高社交网络的安全性和可靠性。

**3. 超网络在知识图谱构建中的应用**

知识图谱是一种大规模语义网络，旨在整合互联网上的各种结构化、半结构化和非结构化信息。超网络在知识图谱构建中发挥着重要作用，能够显著提高知识表示的准确性和丰富性。

在知识图谱中，实体之间的关系通常具有多样性和复杂性。超网络通过引入超边的概念，可以更加灵活地表示多个实体之间的共同特征和潜在关联。这种表示方式不仅可以提高知识表示的丰富性和准确性，还有助于发现新的知识和关系。

此外，超网络还可以帮助解决知识图谱中的一些问题，如数据稀疏性和歧义性。通过构建基于超网络的知识图谱模型，可以更加有效地利用已有数据，减少数据稀疏性对知识表示的影响。同时，超网络还可以利用超边的灵活性来减少歧义性，提高知识表示的准确性和可靠性。

**4. 超网络在推荐系统中的应用**

随着信息量的爆炸式增长，推荐系统成为帮助用户获取感兴趣内容的重要手段。超网络在推荐系统中的应用，能够显著提高推荐的准确性和个性化程度。

传统的推荐系统主要基于用户—物品二元关系进行建模，忽视了用户、物品和标签等多维信息之间的关联。而超网络通过构建多维度的超网络模型，可以更加全面地捕捉用户兴趣、物品属性和标签之间的复杂关系。这种模型不仅可以提高推荐的准确性，还能够为用户提供更加个性化和多样化的推荐服务。

此外，超网络还可以解决推荐系统中的一些问题，如冷启动问题和数据稀疏性问题。通过引入超边的概念，可以利用已有数据来预测未知关系，从而减少数据稀疏性对推荐结果的影响。同时，超网络还可以利用多维信息来提高冷启动用户的推荐效果，为用户提供更加精准的推荐服务。

总之，超网络作为一种能够整合多层次网络结构的工具，在社交网络分析、知识图谱构建和推荐系统等领域具有广泛的应用前景。通过构建基于超网络的模型，可以更加全面地揭示信息网络的内在结构和动态演变过程，为用户提供更加精准和个性化的服务。

## 5.4.2　信息网络中的超网络实例

**1. 基于多总线多处理器系统的超网络**

在计算机科学领域，多总线结构是一个重要的研究对象。一些研究人员致力于将超图理论应用于多总线系统的优化设计。给定一个具有 $n$ 个处理器和 $m$ 条总线的多总线多处理器系统（Multibus Multiprocessor System），其中这些处理器通过这些总线相连，则存在一个超图 $H = (V, E)$ 与之对应。超图 $H$ 中的顶点表示处理器，超边表示总线，如果某个顶点被某条超边包含当且仅当相应的处理器连接到相应的总线。图 5.8 给出了一个例子来说明多总线结构的超图演化模型。

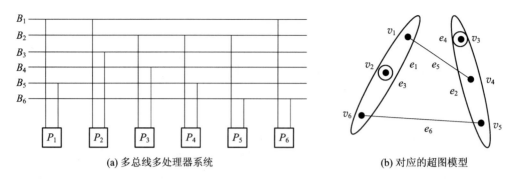

(a) 多总线多处理器系统　　　　　　　　(b) 对应的超图模型

图 5.8　多总线结构的超图演化模型

**2. 无线通信超网络**

在无线通信网络中，许多研究者试图将研究对象表示为超网络，然后应用超网络理论解决一些实际问题。例如，在图 5.9 所示的系统中，顶点表示终端，超边表示路由器，超边包含由相应路由器提供服务的终端对应的顶点。

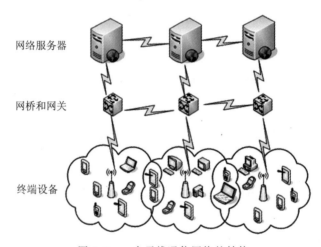

图 5.9　一个无线通信网络的结构

**3. 无线传感器超网络**

无线传感器网络广泛应用于军事、智能交通、环境监测等领域。超图理论在无线传感器网络中的应用引起了广泛的关注。一个完全覆盖域（Complete Covered Fields）的无线传感器网络如图 5.10 所示，它可以自然地抽象为一个超网络。

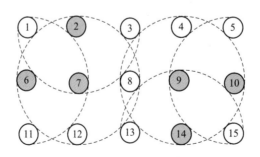

图 5.10　一个完全覆盖域的无线传感器网络

### 5.4.3 超图连通性的判断

设超图 $H=(V, E)$ 的顶点集为 $V=\{v_1, v_2, \cdots, v_m\}$，超边集为 $E=\{e_1, e_2, \cdots, e_m\}$。图 5.11 是一个具有 9 个顶点和 5 条超边的超图，其中顶点集为 $V=\{v_1, v_2, \cdots, v_9\}$，超边的集合为 $E=\{e_1, e_2, \cdots, e_5\}$。

其中 $e_1=\{v_1, v_2, v_8, v_9\}$，$e_2=\{v_2, v_3, v_4\}$，$e_3=\{v_4, v_5, v_8, v_9\}$，$e_4=\{v_3, v_5\}$，$e_5=\{v_5, v_6, v_7\}$。顶点 $v_1$ 至 $v_9$ 的度分别为 1、2、2、2、3、1、1、2、2。

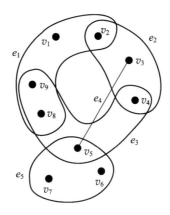

图 5.11 具有 9 个顶点和 5 条超边的超图

依据超图的推广的 2-截图的定义，图 5.11 中所示的超图 $H$ 的推广的 2-截图，如图 5.12 所示。

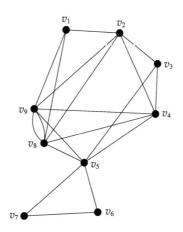

图 5.12 图 5.11 中的超图 $H$ 的推广的 2-截图

根据超图的推广的 2-截图的定义，超图 $H$ 是连通的当且仅当其推广的 2-截图是连通的。因此，可以利用超图 $H$ 的推广的 2-截图的邻接矩阵来判断 $H$ 是否连通。

在本节中，超图 $H$ 的邻接矩阵 $A$ 定义为 $A=MM^{\mathrm{T}}-D$，其中 $M$ 是 $H$ 的关联矩阵，$M^{\mathrm{T}}$ 是 $M$ 的转置，$D$ 是超图 $H$ 的度对角矩阵。很明显，这种定义下的超图 $H$ 的邻接矩阵就是其推广的 2-截图 $G[H]_2$ 的邻接矩阵。

不同于图的关联矩阵和邻接矩阵的定义，它们都能够确定相应的图。超图与其邻接矩阵之间不存在一一对应的关系，但超图可以由关联矩阵来确定。对于 $r$-一致超图，虽然能用矩阵的推广——张量来描述，但是会失去线性运算这个强大的工具。然而，对于分析超图的某些性质，如社团结构，运用上述邻接矩阵的定义是合适的。

### 5.4.4　一个计算超网络可靠度的算法

**1. 计算超网络可靠度的转换算法**

与许多互联网相比，现实世界中的许多无线通信超网络或计算机超网络的规模要小得多。由于成本等因素，用于表示这些超网络的超图往往是稀疏的，也就是说 $m=O(n)$。因此，下面提出的转换算法是可行的。为了清楚地说明该算法，先考虑超边存活的概率都等于 $p$ 的情况。下面的程序伪代码以计算 $s_{m-3}$ 为例，该算法的思想可以推广到其他更一般的情况。

**算法**：计算可靠多项式 $R(p)$ 的系数 $s_{m-3}$。

**输入**：具有 $n$ 个顶点和 $m$ 条超边的超图 $H=(V,E)$ 的关联矩阵 $\boldsymbol{M}$。

**输出**：$s_{m-3}$ 的值。

**步骤 1**：对于任意的三元组 $\{i,j,k\}(i<j<k)\subseteq\{1,2,\cdots,m\}$，删去关联矩阵 $\boldsymbol{M}$ 的 $i,j,k$ 三列得到其子矩阵 $\boldsymbol{X}$。三条超边 $i,j,k$ 失效后的生成子超图 $H'$ 的邻接矩阵为

$$A(H')=\boldsymbol{X}\boldsymbol{X}^{\mathrm{T}}-\mathrm{diag}(\mathrm{diag}(\boldsymbol{X}\boldsymbol{X}^{\mathrm{T}}))$$

**步骤 2**：通过 $A(H')$ 判断 $H'$ 的连通性，直到取遍所有的三元组 $\{i,j,k\}$，并记录 $H$ 的连通的生成子超图 $H'$ 的数目，即 $s_{m-3}$。

对于一般情况，转换算法的时间复杂度为 $n$ 的指数级。

**2. 一些规则超网络的可靠度**

图 5.13 为几种具有规则结构的超网络，式(5-19)~(5-23)为其对应的可靠多项式，其中超边存活的概率均为 $p$。

$$R(H_1,p)=7(1-p)^4p^3+28(1-p)^3p^4+21(1-p)^2p^5+7(1-p)p^6+p^7$$
$$(5-19)$$
$$R(H_2,p)=16(1-p)^2p^6+8(1-p)p^7+p^8 \qquad (5-20)$$
$$R(H_3,p)=8(1-p)^3p^5+12(1-p)^2p^6+8(1-p)p^7+p^8 \qquad (5-21)$$
$$R(H_4,p)=16(1-p)^2p^6+8(1-p)p^7+p^8 \qquad (5-22)$$
$$R(H_5,p)=14(1-p)^3p^7+30(1-p)^2p^8+10(1-p)p^9+p^{10} \qquad (5-23)$$

**3. 超网络转换**

在研究网络的可靠度时，往往将边失效或存活的概率假设是相等的，这使得系统地研究网络的结构成为可能，特别是在网络的可靠性设计方面。在研究超网络的可靠性时，也采用了这一惯例。然而，最早研究网络的可靠度时是给网络的每一条链路失效或存活赋一个随机的概率。另外，对于实际的超网络，通常并不是一致的。所以在研究超网络的可靠性时，给每条超边赋一个失效或存活的随机概率是合理的，保留每条超边失效或存活相互独立是必要的。下面用一个简单的例子说明，对于更一般的情形，本节中提出的转换算法具

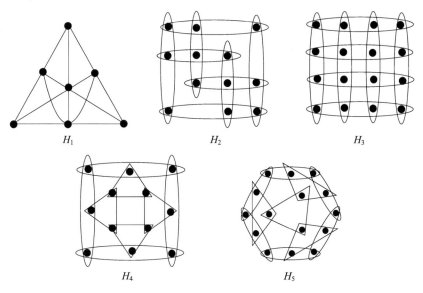

图 5.13 几种具有规则结构的超网络

有普适性,根据该例子中的思路给出这种具有一般性的问题的算法是简单的,在此不再赘述。

**例 5.3** 考虑图 5.14 中具有 4 条超边的非一致超图 $H$。设这 4 条超边 $e_1$,$e_2$,$e_3$,$e_4$ 存活的概率分别为 $p_1$,$p_2$,$p_3$,$p_4$,并且是相互独立的。

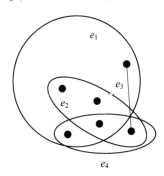

图 5.14 具有 6 个顶点和 4 条超边的非一致超图

对于计算 $H$ 的具有 2 条超边的生成子超图连通的概率,由本节的转换算法中的删去超边时的循环可知,依次删去的超边分别为 $\{e_1,e_2\}$,$\{e_1,e_3\}$,$\{e_1,e_4\}$,$\{e_2,e_3\}$,$\{e_2,e_4\}$,$\{e_3,e_4\}$。算法的改进在于,若超图 $H-\{e_i,e_j\}(1\leqslant i<j\leqslant 4)$ 连通则记为 1,否则记为 0。此时,得到的 0~1 序列为 000110,可知删去 $\{e_2,e_3\}$ 和 $\{e_2,e_4\}$ 后的超图是连通的,即由 $\{e_1,e_4\}$ 和 $\{e_1,e_3\}$ 导出的子超图是连通的生成子超图。所以 $H$ 的具有两条超边的生成子超图连通的概率为 $p_1(1-p_2)(1-p_3)p_4+p_1(1-p_2)p_3(1-p_4)$。用同样的方法可以求出 $H$ 的具有 3 条超边的连通生成子超图的概率。而 $H$ 本身是连通的,最终可得图 7.14 中超图的可靠度为

$$R_H(p_1,p_2,p_3,p_4)=p_1(1-p_2)(1-p_3)p_4+p_1(1-p_2)p_3(1-p_4)+$$
$$p_1p_2p_3(1-p_4)+p_1p_2(1-p_3)p_4+p_1(1-p_2)p_3p_4+$$
$$(1-p_1)p_2p_3p_4+p_1p_2p_3p_4$$

$$(5-24)$$

### 5.4.5 两个真实系统的可靠性优化

**1. 多总线多处理器系统的可靠性优化**

在 5.4.2 小节中，已经阐明了多总线多处理器系统可以抽象为超图 $MS$。现在考虑文献中的一个系统，作者引入了超图作为多总线系统的数学模型。将多总线系统的容错问题转化为超图的连通性问题。首先，陈述并证明与所有超图相关的重要不等式，当相等发生时，定义具有最佳连通性的超图，其相应的超图如图 5.15 所示。

超图 $MS$ 的可靠多项式可以由 5.4.4 小节中的算法计算得到，即

$$R(MS,p) = 5(1-p)^3 p^5 + 9(1-p)^2 p^6 + 7(1-p)p^7 + p^8$$

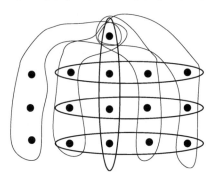

图 5.15　具有 16 个顶点和 8 条超边的 4-一致超图 $MS$

与 5.4.4 小节中图 5.14 顶点数目和超边数目相同的超图 $H_3$ 相比，很容易知道，对于任意的取值 $p(0<p<1)$，有 $R(H_3,p)>R(MS,p)$，所以超图 $H_3$ 比超图 $MS$ 更可靠。因此，通过调整超网络的连接方式，可以使其更加可靠。

**2. 无线通信系统的可靠性优化**

具有固定终端的无线通信系统如图 5.16 所示。假设每个服务器覆盖 3 个终端，如果将

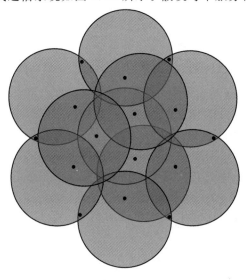

图 5.16　一个无线通信系统

其表示为超图 $WH$，那么 $WH = H_5$。假设中心的超边为 $E$，通过计算有

$$R(WH - E, p) = 6(1-p)p^8 + p^9 \tag{5-25}$$

根据数据分析，存在 $p$ 的一个较大的取值范围，$R(WH, p)$ 比 $R(WH - E, p)$ 大得多，如图 5.17 所示。因此，可以通过增加少量的服务器来提高无线通信系统的可靠性。

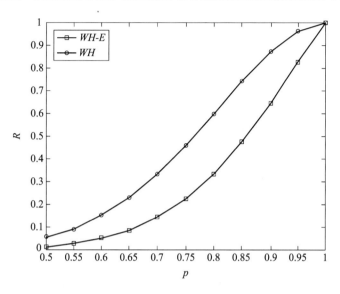

图 5.17　图 5.16 中无线通信系统对应超网络有无中心超边的可靠度比较

## 5.5　本章小结

本章首次提出的超网络在边失效下的全终端可靠度的定义，首先给出了计算该超网络可靠度的两种基本方法，即状态枚举法和因式分解法，化简或计算了一些具有特殊结构的超网络的可靠度。接着在假设超网络的所有边具有相同失效概率的情况下，研究了超网络可靠度与其连通生成子超图之间的关系，并从可靠度的视角，揭示了超图与普通图的巨大差异。在本章的后半部分，先给出了计算超网络可靠度的转换算法，又将可靠度的计算结果运用于两个实际的信息超网络的优化。

## 参 考 文 献

[1]　AGNATI L F, MARCOLI M, MAURA G, et al. The brain as a "hyper-network": the key role of neural networks as main producers of the International egrated brain actions especially via the "broadcasted" neurconnectomics[J]. Journal of Neural Transmission, 2018, 125(6): 1 - 15.

[2]　ZHANG H, SONG L, HAN Z, et al. Hypergraph theory in wireless communication networks[M]. New York: Springer, 2017.

[3] CAO Q，SUN Y. The hypergraph design method of multibus structures of reliable communication networks[J]. Acta Electronica Sinica，1997，25(10)：88-90.

[4] DEVECI M，KAYA K，UĈAR B，et al. Hypergraph partitioning for multiple communication cost metrics：Model and methods [J]. Journal of Parallel & Distributed Computing，2015(77)，69-83.

[5] AHMED，SALEM N A. System level modelling and design of hypergraph based wireless system area networks for multi-computer systems[J]. University of Glasgow，2011.

[6] CHEN T. The connectivity of hypergraph and the design of fault tolerant multibus systems[J]. Springer Berlin Heidelberg，1992，31(5)：157-183.

[7] MOSKOWITZ F. The analysis of redundancy networks[J]. IEEE Transactions on Communications and Electronic，1958(39)：627-632.

[8] MINE H. Reliability of physical systems[J]. IEEE Transactions on Circuit Theory，1958，CT 6,138-151.

[9] Ted G. Lewis. 网络科学原理与应用[M]. 北京：机械工业出版社，2011.

[10] TU K，CUI P，WANG X，et al. Structural deep embedding for hyper-networks [C]. AAAI Conference on Artificial International Intelligence，2018：121-129.

[11] SHEN A Z，GUO J L，SUO Q. Study of the variable growth hypernetworks influence on the scaling law[J]. Chaos Solitons & Fractals，2017(97)：84-89.

[12] SUN Y G，ZHANG J W，HAO J I，et al. A secure routing algorithm for wireless sensor networks based on hypergraph theory[J]. Journal of Tianjin University，2008，41(2)：175-182.

[13] SHAO H，KONG R，HU J，et al. A wireless sensor network topology control method based on hypergraph [J]. International Journal of Future Generation Communication and Networking，2016，9(7)：297-305.

[14] 郑龙，罗鹏程，周经伦. 网络可靠性研究综述[J]. 中国科技信息，2006,1(A)：9.

[15] 吴俊，段东立，赵娟，等. 网络系统可靠性研究现状与展望[J]. 复杂系统与复杂性科学，2011,8(2)：77-86.

[16] 谭跃进，赵娟，吴俊，等. 基于路径的网络可靠性研究综述[J]. 系统工程理论与实践，2012,32(12)：2724-2730.

[17] TAMURA H，NAKANO K，SENGOKU M. On applications of graph/network theory to problems in communication systems[J]. Ecti Transactions on Computer & Information Technology，2011，5(1)：8-14.

[18] GUO P，ZHANG J，MING L V，et al. Modeling for wireless communication network and fault propagation [J]. Computer Engineering & Applications，2015(51)：1-5.

[19] WERRA D D，HELL P，KAMEDA T，et al. Graph endpoint International coloring and distributed Proceedings sensing[J]. Networks，1993，23(2)：93-98.

[20] XIA Y，HILL D J. Attack vulnerability of complex communication networks[J].

IEEE Transactions on Circuits & Systems II Express Briefs，2008，55(1)：65 – 69.

[21] KANTAROS Y，ZAVLANOS M M. Distributed communication-aware coverage control by mobile sensor networks[J]. Automatica，2016，63(C)：209 – 220.

[22] BOESCH F T. Synthesis of reliable networks a survey[J]. IEEE Transactions on Reliability，1986，35(3)：240 – 246.

[23] BOESCH F T. A survey and Introduction to network reliability theory[C]. IEEE International Conference on Communications，1988：12 – 15.

[24] SATYANARAYANA A. A unified formula for analysis of some network reliability problems[J]. IEEE Transactions on Reliability，1982，31(1)：23 – 32.

[25] CAMARDA P，GERLAV M. Design and analysis of fault-tolerant multibus Interconnection networks[J]. Discrete Applied Mathematics，1992，37 – 38（3）：45 – 64.

[26] LIN F Y S，CHIU P L. A near-optimal sensor placement algorithm to achieve complete coverage/discrimination in sensor networks[J]. IEEE Communications Letters，2005，9(1)：43 – 45.

# 第六章

# 超图局部最优的结构和参数

树是研究网络可靠性时难以避开的研究对象。传统的超树的概念由于结构限制很严格，所以会对超图可靠度的研究造成很大的障碍。本章首先推广了超图理论中的树的概念，即为广义超树。接着证明了一类广义超树的边数的界，并刻画了边数达到界时的超树结构。最后，构造了几类非一致的具有一定特性的超图，研究了这些超图的生成超树的计数问题。

## 6.1　概　　述

树是图论中最重要、最有用、最容易理解的研究对象之一，这个论断在超图理论中也是能使人信服的。

在图论中树有很多等价的描述，但是所描述的结构特征在一定意义下是确定的。正因为树的独特的结构特征，使得其具有丰富的研究和应用成果，甚至有较多的专著。

图论中关于连通图与树的一个重要的结论是：连通图都包含生成树。类比作为科学研究的重要方法，当把此结论类比到超图理论中时，在传统超图的定义下，这个结论是不成立的。如，$K_4^3$ 中不存在传统定义下的生成超树。为此，需要推广超树的概念。

再者，从网络可靠性的角度来看，由全终端可靠度的定义知，在一般复杂网络的可靠多项式中，边存活概率 $p$ 的最低次数即 $n-1$ 次项系数即为对应的连通图的生成树个数。在广义超树的定义下，可以将对应的结论推广到超网络可靠度中，即

$$R(K_4^3, p) = 6(1-p)^2 p^2 + 4(1-p)p^3 + p^4$$

其中 $p$ 的最低次数为 2，但是 $K_4^3$ 中有 2 条超边导出的连通子超图不是传统意义下的生成超树。而在广义超树的定义下，就可以得出 $K_4^3$ 的生成超树为 6 的结论。

根据计算超图的可靠度的简化模型

$$R(H, p) = \sum_{i=0}^{m} s_i(H) p^i (1-p)^{m-i}$$

可知，当超图的边大概率失效时，相应超图的可靠度就由第一个非零的 $s_i(H)$ 的大小决定，即由 $H$ 的主生成超树的个数决定，所以对超图的生成超树（包括主生成超树）的个数的研究具有重要的理论意义和应用价值。

通过查找文献，确实有研究者定义了不同于传统意义的超树。在这些完全不同的定义中，有符合超图可靠度研究之需的。但是由于条件过于宽松而难以进行定量描述，导致其

从提出后研究结果很少。在给出限制分支的超树的定义之前，下面先对这些已有的超树的概念进行梳理、比较。

# 6.2　超树的推广

图论中的树的概念有许多等价描述，它们从不同的角度反映了树的不同性质。超图中的树目前没有公认的定义，因为超图理论中树的对应概念的描述更加复杂，并且相互之间不是等价的。

## 6.2.1　经典的超树定义

在超图中关于超树的定义主要有三个，它们刻画对应定义下超树结构的角度各不相同。

### 1. 树形超图

1989 年，基于超图理论中的 Helly 性质和 Berge-圈的概念，Berge 在专著 *Hypergraphs：Combinatorics of Finite Sets* 中给出了树形超图（Arboreal Hypergraph）的定义。

**定义 6.1**　超图 $H$ 是树形的，若 $H$ 具有 Helly 性质，且每个长度至少是 3 的圈中一定含有 3 条边其交是非空的。

图 6.1 给出一个具有 4 个顶点 3 条边的树形超图。

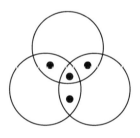

图 6.1　一个具有 4 个顶点 3 条边的树形超图

有关树形超图的文献相对较少，在同一本专著中给出的树形超图的研究结果仍然是对该研究对象的较好的综述。另一本关于超图的专著 *Hypergraph Theory：An Introduction* 也对树形超图的概念及相关的结果进行了简要介绍。2011 年，孙林给出了树形超图在完美超图上应用的一个结果。

### 2. N&P-超树

1999 年，Nieminen 和 Peltola 给出了他们分别称之为超树（Hypertree）和弱超树（Weak Hypertree）的概念。在本书中，冠以两位作者姓氏的首字母以示区别。下面是 N&P-超树的定义。

**定义 6.2**　一个连通的超图 $H$ 是 N&P-超树，若 $H$ 的任何一条边被删除都会导致一个不连通的超图。

图 6.2 给出一个具有 12 个顶点 4 条边的 N&P-超树。

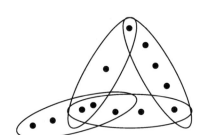

图 6.2　一个具有 12 个顶点 4 条边的 N&P-超树

关于 N&P-超树，一般意义上的研究结果较少[3]。本书称 N&P-超树为广义超树，它是连通意义下限制最弱的超树的定义。

**3. C-超树**

2016 年，基于链连接，Katona 和 Szabó 提出了一个新的超树的概念。为了便于区分，在本书中记为 C-超树。

**定义 6.3**　一个 $r$-一致超图是超树，若它是连通的并且是无半圈的。

图 6.3 给出一个具有 6 个顶点 4 条边的 C-超树。

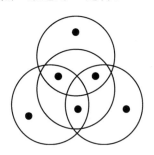

图 6.3　一个具有 6 个顶点 4 条边 C-超树

### 6.2.2　限制分支的超树

在图论中一棵树的任意两个顶点都是由唯一的路连接。这个关于树的定义的描述可以反映出树的边连通属性，它意味着任意删去树中的一条边会导致该树不连通。依据树的定义，任意删去树 $T(V, E)$ 中的一条边 $e$ 后，$T-e$ 的分支数恰好为 2。即，$\forall e \in E(T)$，$\omega(T-e) = 2$。所以，按照类似的方法定义超图中的结构是有意义的。另一方面，通常所谓的超树(本书也是如此，即传统意义下的超树)的定义是广义超树的特殊情形。

**定义 6.4**　一个连通的超图 $H$ 是超树，若 $H$ 不含 Berge-圈。

就正式出版的学术成果而言，英文文献中最早出现超树一词是在 1981 年，但是并不是作为超图的研究对象。同年，毛经中对超树进行了深入的探究。他从一个固定的视角将图论中树的概念推广到超图理论中，并将其称为超树。接着讨论了超树的基本性质。并给出了超树的几个等价刻画，这些刻画可以与树的等价刻画对应。与树的性质的对比可知，超树不具备树的某些性质。他还对超图中的生成超树的计数问题进行了初步探讨。

此后，以超树为研究对象的成果不断涌现。下面给出与本书研究内容密切相关的几个重要结果。

**引理 6.1**　设 $H$ 是具有 $n$ 个顶点 $m$ 条边的连通超图，如果 $H$ 是超树，则有

$$\sum_{i=1}^{m} |e_i| = m + n - 1$$

1994 年，许小满等人给出了引理 6.1 的一种等价描述。即，设 $H$ 是具有 $n$ 个顶点 $m$ 条边的连通超图。如果 $H$ 是超树，则有 $\sum_{i=1}^{m} (|e_i| - 1) = n - 1$。

无论是上述两种描述的哪一种，从边连通度的角度来看，一个连通的超图 $HT(V, E)$ 是超树，则 $HT$ 的任意一条边 $e$ 的删去都会导致超图 $HT - e$ 是不连通的，并且超图 $HT - e$ 的分支数为 $|e|$。即，$\forall e \in E(HT)$，$\omega(HT - e) = |e|$。反之亦然。一个超树的例子如图 6.4 所示。

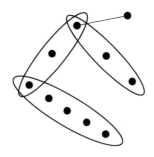

图 6.4　一个具有 10 个顶点 4 条边的超树

**引理 6.2**　设 $H$ 是具有 $n$ 个顶点 $m$ 条边的连通的 $r$-一致超图，如果 $H$ 是超树，则有 $m = \dfrac{n-1}{r-1}$。

显然，这是经典的树的顶点数与边数关系公式的推广。一个 3-一致超树的例子如图 6.5 所示。

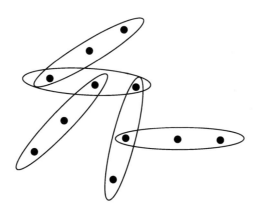

图 6.5　一个具有 11 个顶点 5 条边的 3-一致超树

2015 年，Lai 等人在研究 $k$-边连通的可超图序列时，给出了一个相关的结果。

**引理 6.3** 设 $H$ 是具有 $n$ 个顶点 $m$ 条边的 $r$-一致超图,如果 $H$ 是连通的,则有 $m \geqslant \dfrac{n-1}{r-1}$。并且等号成立时,当且仅当对于任意的一条边 $e \in E(H)$,$H-e$ 恰好有 $r$ 个分支。

引理 6.3 给出了连通的 $r$-一致超图的边数的下界,取得下界时的连通超图即为 $r$-一致超树。

这类被通常命名为超树的超图是传统意义下的超树,因为其特殊的结构使得研究者们对其研究更为深入,相比之下研究结果也更为丰富。即便如此,也不意味着超树就是树在超图理论中的对应。为了深入探究超图中的树结构,接下来给出一个从另一个角度将树的概念推广到超图的对应的概念,并将其称为限制分支的超树。

**定义 6.5** 一个连通的超图 $GHT$ 是一棵限制分支的超树,若 $GHT$ 的任意一条边 $e$ 的删去都会导致超图 $GHT-e$ 是不连通的,并且超图 $GHT-e$ 的分支数都恰好为 $k(k \geqslant 2)$。

从某个角度看,该定义也是树在超图中的一个推广。当所研究的限制分支的超树是 $r$-一致超图时,传统意义上的超树是其特殊情形。更进一步,限制分支的超树也是广义超树的特殊情形。换一个角度看,限制分支的超树是介于传统超树和 C-超树之间的在一定程度上可以定量描述的超树的定义。传统超树、广义超树、C-超树以及本书提出的限制分支的超树的定义都与普通图中树的定义是吻合的。

一个限制分支的超树的例子如图 6.6 所示,其中,对于任意的一条边 $e \in E(H)$ 都有 $\omega(GHT-e)=2$。

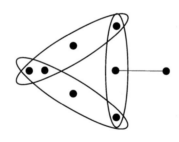

图 6.6　一个具有 8 个顶点 4 条边的超图 $GHT$

## 6.3　限制分支的超树中边数的界

本节主要研究限制分支的超树($GHT$)的边数的界。定理 6.1 是本章中最为重要的结论,它给出了任意删去一条边后分支数恰好为 2 的 $r$-一致超树 $GHT$ 的边数的界,该结果是具有 $n$ 个顶点的树的边数为 $n-1$ 这一经典结论的推广。对于任意删去一条边后分支数恰好为 $k(2 \leqslant k \leqslant r-1)$ 的 $r$-一致超树 $GHT$ 的边数,定理 6.2 改进了定理 6.1 中的下界。基于超树 $GHT$ 的定义,推论 6.1 改进了引理 6.1;基于广义超树的定义,推论 6.2 改进了引理 6.3。当广义超树的边数达到推论 6.2 中的下界时,讨论了相应的广义超树和传统超树之间的关系。

## 6.3.1　推广的 $r-$一致超树的边数的界

本节的主要研究内容是任意删去一条边后分支数恰好为 2 的 $r-$一致超树 $GHT$ 的边数的界(包括下界和上界)。

**定理 6.1**　设 $H$ 是一个具有 $n$ 个顶点 $m$ 条边的连通的 $r-$一致超图($r \geqslant 3$，$n \geqslant 3$)。如果对于任何一条边 $e \in E(H)$ 都有 $H-e$ 的分支数恰好为 2，则有 $\dfrac{2n}{r+1} \leqslant m \leqslant n-r+1$，并且下界和上界都是紧的。

为了证明定理 6.1，需要先做如下的准备。

Tusyadej 给出了连通的 $r-$一致超图序列的刻画，Lai 等人将其推广到 $k-$边连通的情形。

**引理 6.4**　一个 $n-$序列 $d_1 \geqslant d_2 \geqslant \cdots \geqslant d_n$ 是 $k-$边连通 $r-$一致超图的度序列的充要条件是

(1) $d_i \geqslant k(i=1, 2, \cdots, n)$；

(2) $\displaystyle\sum_{i=1}^{n} d_i \geqslant \dfrac{r(n-1)}{r-1}$，如果 $k=1$。

接下来给出的断言 6.1 和断言 6.2，刻画了任意删去一条边后分支数都恰好为 2 的 $r-$一致超树 $GHT$ 的性质。

**断言 6.1**　设 $H$ 是一个具有 $n$ 个顶点的连通 $r-$一致超图($r \geqslant 3$，$n \geqslant 3$)。如果对于任何一条超边 $e \in E(H)$ 都有 $H-e$ 的分支数恰好为 2，则 $H$ 中存在恰好含一个 1 度顶点的超边。

**证明**　假设 $H$ 中不存在含 1 度顶点的超边，则 $H$ 中所有顶点的度均大于或等于 2。由引理 6.4 知，$H$ 至少是 2-边连通的。因此，对于任何一条超边 $e \in E(H)$ 都有 $H-e$ 是连通的。从而，$H$ 中存在一条含 1 度点的超边 $e^*$。如果 $e^*$ 中所含的 1 度顶点的个数大于 1，则 $H-e^*$ 的分支的数目大于 2。故 $H$ 中存在恰好含一个 1 度顶点的超边。

**断言 6.2**　设 $H$ 是一个具有 $n$ 个顶点 $m$ 条超边连通的 $r-$一致超图($r \geqslant 3$，$n \geqslant 3$)。如果对于任何一条超边 $e \in E(H)$ 都有 $H-e$ 的分支数恰好为 2，则 $2 \leqslant u \leqslant m$，其中 $u$ 是恰好含一个 1 度顶点的超边的个数(下同)。

**证明**　显然，$u \leqslant m$。所以只需证明 $u \geqslant 2$。由断言 6.1 知，只需证明 $u \neq 1$。

假设 $u=1$。如果 $m=1$，则结论不成立。因为此时 $H-e$ 的分支数为 $r$，而 $r \geqslant 3$。如果 $m \geqslant 2$，假设 $e$ 是唯一的一条恰好含一个 1 度点的超边。对于任意一条超边 $e^* \in E(H) \backslash \{e\}$，包含在 $e^*$ 中的顶点的度均不小于 2。去掉 $e$ 中度为 1 的这一个顶点后的超图记为 $H'$，则 $H'$ 为 2-边连通的。由引理 6.4 知，$H'-e'$ 是连通的，进而 $H-e^*$ 也是连通的。这与 $H-e^*$ 的分支数为 2 矛盾。

下面对定理 6.1 进行证明。

**证明**　为了使论证更清晰，下面分下界和上界两种情形进行证明。

**情形 1**　定理 6.1 中的 $r-$一致超树 $GHT$ 的边数的下界的证明。

由引理 6.1，引理 6.4 和断言 6.2，可得

$$mr = u + \sum_{j=1}^{m-u} d_j \tag{6-1}$$

对于固定的值 $r$,为了使得 $m$ 取最小,要使得上式的右边最小。为此,将度大于 1 的顶点的度都取为 2,即对于所有的 $j(j=1,2,\cdots,m-u)$,都有 $d_j=2$,因为超度序列是降序的。同时,要使度为 1 的顶点的数量最多,有 $u=m$。从而,有

$$mr=m+2(n-m) \tag{6-2}$$

化简可得

$$m=\frac{2n}{r+1} \tag{6-3}$$

至此,完成了定理 6.1 中限制分支的超树的边数的下界的证明。

图 6.7 是边数取得下界时的任意删去一条超边恰好有 2 个分支的 $r$—一致超树 $GHT$ 的例子,其中 $\omega=2,u=m$。该图描述了一类 $r$—一致超树 $GHT$。

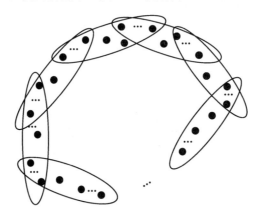

图 6.7  具有最小边数的 $r$—一致超树 $GHT$

**情形 2**  定理 6.1 中的 $r$—一致超树 $GHT$ 的边数的上界的证明。

因为 $r\geq3$ 并且 $r$—一致超树 $GHT$ 要满足任意删去一条边分支数恰好为 2,所以 $m\neq1$。因此有 $m\geq2$。结合 $r\geq3$,对顶点数 $n$ 进行归纳。

进行数学归纳的最基本的情形是 $n=r+1$。因为任意删去 $r$—一致超树 $GHT$ 的一条超边后其分支数恰好为 2,很容易知道这种超图的边数恰好为 2,等于 $n-r+1$,结论成立。

下面假设 $r$—一致超树 $GHT$ 的顶点数不超过 $n-1$ 时结论都是成立的。

当 $r$—一致超树 $GHT$ 的顶点数为 $n$ 时,设任意删去一条超边后的两个分支分别为 $H_1$ 和 $H_2$,这两个分支的超边数对应地为 $m_1$ 和 $m_2$;这两个分支的顶点数对应地为 $n_1$ 和 $n_2$,并且有 $n_1+n_2=n$。可以分为以下三种情形。

(i) 若 $n_1,n_2\geq r+1$,则有

$$m=m_1+m_2+1=(n_1-r+1)+(n_2-r+1)+1=n-2r+3<n-r+1 \tag{6-4}$$

(ii) 若 $n_1=n-r,n_2=r$,则有

$$m=m_1+1+1=[(n-r)-r+1]+2=n-2r+3<n-r+1 \tag{6-5}$$

(iii) 若 $n_1=n-1,n_2=1$,则有

$$m=m_1+1=[(n-1)-r+1]+1=n-r+1 \tag{6-6}$$

由(i)、(ii)、(iii)和归纳假设可知,对于具有 $n$ 个顶点的 $r$—一致超树 $GHT$,结论也成立。

图 6.8 是边数取得上界时的任意删去一条超边恰好有 2 个分支的 $r$-一致超树 $GHT$ 的例子，其中 $\omega=2$，$u=m$。该图描述了一类 $r$-一致超树 $GHT$。

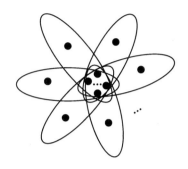

图 6.8　具有最大边数的 $r$-一致超树 $GHT$

综合以上两种情形，定理 6.1 得证。

本书将如图 6.8 所示的超图称为向日葵超图，具有 $n$ 个顶点的向日葵超图记为 $SF_n$，也是 C-超树。

为了与图论中的树的边数进行对比，下面考虑超树 $GHT$ 中的另一种结构。

如果 $u=2$，由断言 6.1 知，使得 $GHT-e$ 的 2 个分支中，没有分支是独立顶点的超边 $e$ 的个数为 $m-2$。为了使边数 $m$ 最小，需要将度数不为 1 的 $n-2$ 个顶点的度数都取为 2。故有

$$\sum_{i=1}^{n}d_i=2n-2 \tag{6-7}$$

又由引理 6.4 可得

$$m=\frac{2n-2}{r} \tag{6-8}$$

因为对任意的 $r(2\leqslant r\leqslant n-1)$，都有

$$\frac{2n-2}{r}-\frac{2n}{r+1}=\frac{2(n-r-1)}{r(r+1)}\geqslant 0 \tag{6-9}$$

因此，对于以任意删去一条边后分支数恰好为 2 为前提的超树 $GHT$ 的边数不是最小的。但是当 $r=2$ 时，该结果与顶点数为 $n$ 的树的边数为 $n-1$ 是吻合的，这从另一个方面反映出刻画超图理论中的树结构要比图论中的树结构复杂得多。

图 6.9 是边数取得 $\dfrac{2n-2}{r}$ 时的任意删去一条超边恰好有 2 个分支的 $r$-一致超树 $GHT$ 的例子。该图描述了一类 $r$-一致超树 $GHT$。

图 6.9　$\omega=2$ 且 $u=2$ 时，具有最小边数的 $r$-一致超树 $GHT$

以上部分分析了任意删去一条边后分支数恰好为 2 的 $r$-一致超树 $GHT$ 的边数的界。接下来的定理 6.2 给出了除超树之外的 $GHT$ 的边数的界。

**定理 6.2** 设 $H$ 是一个具有 $n$ 个顶点 $m$ 条边的连通 $r$-一致超图($r \geqslant 3$，$n \geqslant 3$)，如果对于任何一条边 $e \in E(H)$ 都有 $H-e$ 的分支数恰好为 $k$($2 \leqslant k \leqslant r-1$)，则有 $\dfrac{2n}{r+k-1} \leqslant m \leqslant n-r+1$。下界是紧的，并且取得上界时当且仅当 $H$ 是 $SF_n$。

**证明** 依据连通的 $r$-一致超树 $GHT$ 的定义，其最大边数随着 $k$ 的增大而减小。由定理 6.1 可得 $m \leqslant n-r+1$。

定理 6.2 是定理 6.1 的推广。定理 6.2 的下界证明与定理 6.1 的下界证明类似。为了使得超边数目 $m$ 的值最小，则 $H$ 的每一条超边中度为 1 的顶点的个数为 $k-1$，度为 2 的点的个数为 $r-k+1$。依据引理 6.1，可得

$$m(k-1) + 2[n - m(k-1)] = mr \qquad (6-10)$$

从而，有

$$m = \frac{2n}{r+k-1} \qquad (6-11)$$

定理 6.2 中的 $r$-一致超树 $GHT$ 的边数取得下界时，若 $r=2$ 且 $k=1$，则该超图是图论中的具有 $n$ 个顶点的圈，不具有树结构。取得下界时的 $r$-一致超树 $GHT$ 的结构不唯一。其中最简单的一类结构是具有 $r-k+1$ 个公共点的 $r$-一致超帆，如图 6.10 所示。另一类较为复杂的结构如图 6.11 所示，其中 $\omega = k$ 且每条超边都含有 $k-1$ 个 1 度顶点。

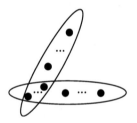

图 6.10　每条超边都含有 $k-1$ 个 1 度顶点的 $r$-一致超帆

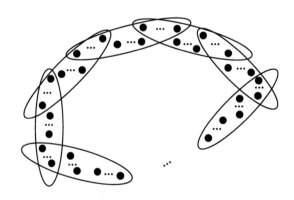

图 6.11　具有最小超边数目的 $r$-一致超树 $GHT$

因为当 $r=2$ 时，$n-r+1$ 取得最小值 $n-1$。由定理 6.2 可以得到如下的推论 6.1。

**推论 6.1** 设 $H$ 是一个具有 $n$ 个顶点 $m$ 条边的连通 $r$-一致超图，如果 $H$ 是一个超树 $GHT$，则有 $m \leqslant n-1$。

对于更一般的情形，有推论 6.2。

**推论 6.2**　设 $H$ 是一个具有 $n$ 个顶点 $m$ 条边的广义超树，则有 $m \leqslant n-1$。

### 6.3.2　一类连通 $r$-一致超图的边数的下界

**定理 6.3**　设 $H$ 是一个具有 $n$ 个顶点 $m$ 条边的连通超图，如果存在超边 $e$ 使得超图 $H-e$ 的分支数小于 $|e|$，则有 $\sum\limits_{i=1}^{m}(|e_i|-1) \geqslant n$。

**证明**　因为 $H$ 是连通的，又因为存在超边 $e$ 使得超图 $H-e$ 的分支数小于 $|e|$，所以超图 $H$ 不是超树。由引理 6.1，有 $\sum\limits_{i=1}^{m}(|e_i|-1) \geqslant n$。

若 $H$ 是 $r$-一致超图，直接可以得到如下的推论 6.3。

**推论 6.3**　设 $H$ 是一个具有 $n$ 个顶点 $m$ 条边的连通 $r$-一致超图。如果存在超边 $e$ 使得超图 $H-e$ 的分支数小于 $r$，则有 $m \geqslant \dfrac{n}{r-1}$。

边数为 $\dfrac{n}{r-1}$ 的 $r$-一致超图如图 6.12 所示，其中对于任意一条超边 $e$ 都有 $\omega(H-e)=r-1$ 且每条超边含有 $r-1$ 个 1 度点。这类超图是线性的。

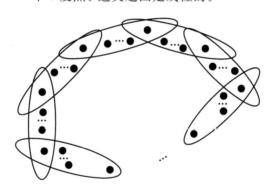

图 6.12　具有最小超边数目的 $r$-一致超树 $GHT$

### 6.3.3　一类 $r$-一致超图的刻画

设 $H$ 是一个具有 $n$ 个顶点 $m$ 条边的连通 $r$-一致超图，如果 $H$ 的边数为 $m=\dfrac{n}{r-1}$，则 $H$ 是将其对应的超树的某两个来自不同超边的顶点收缩为一个顶点得到的。

如果被收缩的两个顶点分别来自两条不相邻的超边，则得到的超图是线性的且含一个圈。这种线性变换的例子如图 6.13 所示。

如果被收缩的两个顶点分别来自两条相邻的超边，则得到的超图是非线性的。这种非线性变换的例子如图 6.14 所示。

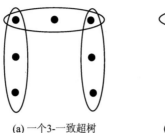

(a) 一个3—一致超树        (b) 线性变换后的超图

图 6.13    线性变换示例图

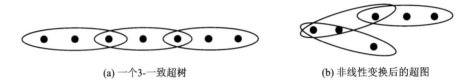

(a) 一个3—一致超树                    (b) 非线性变换后的超图

图 6.14    非线性变换示例图

从另一个角度阐述以上两种变换，可以得到定理 6.4。

**定理 6.4**    设 $H$ 是一个具有 $n$ 个顶点 $m$ 条边的连通 $r$-一致超图，如果 $m = \dfrac{n}{r-1}$，则对于任意一条超边 $e \in E(H)$，超图 $H - e$ 的分支数为 $r - 1$ 或 $r$（不能全为 $r$）。

# 6.4    几类非一致超图中生成超树的计数

图论中，生成树的计数问题具有重要的理论意义和应用价值。后面的章节会继续论证，在超图理论的范畴这个观点也是正确的，在超图的可靠性方面更是如此。连通超图的生成超树数目是分析该超图可靠多项式得到的一个衡量其可靠性的重要指标。目前关于生成超树的计数所基于的超图往往是一致的，在本小节中，对于所构造的几类非一致的超图，计算了其生成超树的个数。

## 6.4.1    生成树的计数概述

早在十九世纪中叶，研究者们就提出了图论中树的概念并将其用于解决实际问题。覆盖图 $G$ 的所有顶点的具有树结构的子图称为 $G$ 的生成树。生成树的计数问题是一个已经进行了充分的研究并且具有持续吸引力的课题。最早也是最经典的结果是 Cayley 在 1889 年给出的，即具有 $n$ 个带标号的顶点形成的 $n$ 个顶点的树的数目为 $n^{n-2}$，具有 $n$ 个顶点的完全图 $K_n$ 的生成树的个数为 $n^{n-2}$ 是其更容易理解的一种表述。1958 年，Fiedler 等人确定同色点个数分别为 $m, n$ 的二色标号树的个数是 $m^{n-1}n^{m-1}$，即完全二部图 $K_{m,n}$ 的生成树的个数为 $m^{n-1}n^{m-1}$。

计算一个图的生成树的具有普适性的方法主要有两种。一种方法是由著名的 Kirchhoff 矩阵-树定理给出的。该定理是 Kirchhoff 在研究电网络时得到的，他证明了图 $G$ 的生成树个数等于该图的 Kirchhoff 矩阵（也叫作 Laplacian 矩阵，导纳矩阵（Nodal admittance 矩阵），（离散）拉普拉斯算子）的任意一个 $n-1$ 阶主子式的行列式的绝对值。该定理的提出意味着图的生成树的计数问题转化为代数问题，即计算行列式的值，实现了代数和图论的完美结合。辅助以高性能的现代计算机，Kirchhoff 矩阵-树定理成为了计算图的生成树数目的最为有效和可行的工具。正因为该定理的重要性，自 1847 年 Kirchhoff 发现和证明它的一百多年以来，仅对其进行证明的新方法就有数十种，定理本身的变形和推广到目前仍是图论的研究热点。

Kirchhoff 矩阵-树定理在理论上已经解决了图的生成树的计数问题，但是它在实际运用中存在很大的困难。主要表现在两个方面：一是精准计算的代价较高。用 Kirchhoff 矩阵-树定理计算图的生成树个数的时间复杂度为 $O(n^3)$，其中 $n$ 为对应图的顶点个数。当图的顶点个数较多时，即图的规模较大时，必须借助高性能的计算机才能实现，数域的限制和计算时产生的舍入误差，会对行列式计算的结果产生很大的影响。李晓明等研究了克服这种计算误差的办法。基于 Kirchhoff 矩阵-树定理的推广或者一些图类的结构特性，研究者给出了时间复杂度较小的甚至是线性时间复杂度的算法。二是比较不同图类的生成树的个数的多少难度较大。原因在于比较行列式的大小比较困难。而在应用方面，特别是网络的可靠度研究方面，对相应图的生成树数目大小的比较有很高的要求。弥补这两个劣势的一个比较好的方法是推导图的生成树个数的解析表达式，目前，对于某些具有特殊性质的图类及它们之间的运算的生成树个数已经有了解析结果。

另一个方法是由 Feussner 公式给出的，即 $\forall x \in E(G)$ 有 $t(G)=t(G-x)+t(G/x)$。1902 年，Feussner 利用组合性质给出了这个公式，它是图 $G$ 的生成树数目与其边删除子图 $G-x$ 和边收缩子图 $G/x$ 的生成树数目之间的一种恒等的递推关系。利用 Feussner 公式很容易给出一些不规则图的生成树数目的解析表达式，例如 $k_n-x$ 和 $K_n/x$ 就是不规则的。较典型的是可以依据轮图的生成树计数公式推导出扇图的生成树计数公式。它虽然为计算图的生成树数目提供了一种方法，但是对于规模较大的一般的图类并不适用。

王志等人利用对称矩阵的行列式的递推展开式证明了 Kirchhoff 矩阵-树定理和 Feussner 公式是等价的。有些情况下，此两种方法的有机结合更有益于问题的解决。例如先用 Feussner 公式处理对应图的悬挂边，再用 Kirchhoff 矩阵-树定理计算出子图的生成树数目，可以较大程度地降低运算量。

求图的生成树个数还有一些技巧性较强或针对特殊图类的方法：利用 Chebyshev 多项式的性质可以得到一些图类的生成树个数的解析式；由一个图与其伴随图（如线图）的生成树数目的关系，来得到目标图的生成树数目的解析表达式；结合图类的结构特性，由递推关系求生成树个数。此外还有一些间接的方法，如借助图的可靠多项式求生成树个数。

## 6.4.2　生成超树计数的研究现状

可查阅到的文献显示，国内的研究者在研究超树的计数问题时走在了国际的最前面。早在 1982 年，毛经中在给出了超树的概念并研究了超树的性质之后，就提出了一个关于 $n$ 个顶点的 $r$-一致完全超图的生成超树个数的猜想。1988 年，柳柏濂证明了这个猜想。现将这个结果写成如下的引理 6.5 的形式。

**引理 6.5**　具有 $n$ 个顶点的 $r$-一致完全超图 $K_n^r$ 的生成超树的个数为

$$t(K_n^r) = \begin{cases} \dfrac{n!}{m!\ [\ (r-1)!\ ]^m} \cdot n^{m} - 2, & m = \dfrac{n-1}{r-1} \in \mathbf{N}^+ \\ 0, & \text{其他} \end{cases} \qquad (6-12)$$

容易验证，当 $r=2$ 时，即为著名的 Cayley 定理。由引理 6.5 知，$K_5^3$ 的生成超树的结构是唯一的，即具有一个公共点的 3——致超帆，其个数为 15。

还有在文献[16]中，具有 $n$ 个带标号的顶点 $m$ 条超边的超树的个数被给出，为如下的引理 6.6。

**引理 6.6** 具有 $n$ 个带标号的顶点 $m$ 条超边的超树的个数为

$$t(n,m) = n^{m-1} S_2(n-1,m) \qquad (6-13)$$

其中，$S_2(l,k)$ 是第二类 Stirling 数。

在式（6-13）中，当 $m=n-1$ 时，就是 Cayley 定理。当 $n=5$ 时，由引理 6.6 知，$t(5,1)=1$，$t(5,2)=35$，$t(5,3)=150$，$t(5,4)=125$。具有 5 个顶点的带标号的超树及其对应的个数如图 6.15 所示。

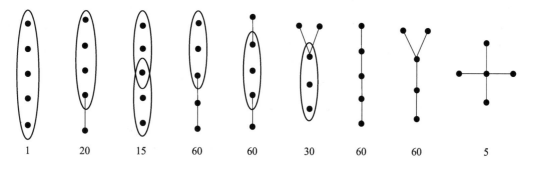

图 6.15　具有 5 个顶点的带标号的超树及其对应的个数

近半个世纪以来，从顶点或边有无标号、是否一致，超图中不同的圈的定义，连通的程度，同胚限制，有根无根，超度序列条件等不同的角度，国内外研究者对超图的计数（很多是用的不同的方法）给出了很多显式结果和算法。

### 6.4.3　限制分支的超树定义下的生成超树计数初探

从 6.4.2 小节的概述可以得知，由超图结构更为复杂的事实，超树的计数往往需要更强的技巧，很多抽象的组合知识运用在证明当中，所以很多经典结论的证明本身引起了中外学者的持久注意。例如，1988 年，引理 6.5 这样的具有一般性的结果就已经被证明。2011 年 Goodall 和 Mier 用不同的方法证明了该结论的一种特殊情形，而 2006 年 Sivasubramanian 已经用另一种方法得到了该特殊情形下的结果。计算生成超树的个数时，没有像计算生成树时 Kirchhoff 矩阵-树定理这么强有力的工具出现的原因在于，在超图理论中，以矩阵理论为基础的线性运算的优势丧失，可用于表示超图的张量的计算体系尚需进一步完善。

回过头从超树定义着眼，可以发现更宽广的新的研究内容。

依据超树的定义，可知 $K_4^3$ 没有 3——致生成超树。而在超图理论中，$K_4^3$ 是连通的。图论中的很直观的结论"每个连通图都包含生成树"，不能顺利地推广到超图理论中。由 6.2.2

小节中的限制分支的超树的定义 6.5，具有 2 个公共顶点的 3-—致超帆是限制分支的超树，$K_4^3$ 中推广的 3-—致顶点带标号的生成超树的个数为 $t_B(K_4^3)=6$。同样地，$t_B(K_5^3)=25$。具有 5 个顶点的带标号的 3-—致限制分支的超树（$K_5^3$ 中推广的 3-—致超树）及其对应的个数如图 6.16 所示。

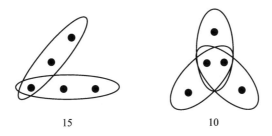

图 6.16　具有 5 个顶点的带标号的 3-—致限制分支的超树及其对应的个数

关于限制分支的超树的计数问题有着广阔的研究空间，在后续章节，将从边失效下超网络可靠度的角度进一步探讨该问题。

### 6.4.4　几类非一致超图中的生成超树的计数

本小节换一个视角研究超树的计数问题，灵感来自于 Ramsey 定理。

用规模较小或较简单的图来表示给定的图的结构是相当方便的和有益的。目前关于超图运算的研究结果较少，本小节利用和运算构建了几类超图（有些是非一致的），并给出了这些超图的生成超树数目的解析表达式。

先来构造一类非一致超图。对于经常出现的超图，使用符号缩写是有必要的。对于超图 $H_1$ 和 $H_2$，它们的并定义为 $H=(V(H)，E(H))$，其中 $V(H)=V(H_1)\bigcup V(H_2)$，$E(H)=E(H_1)\bigcup E(H_2)$；记为 $H=H_1\bigcup H_2$。假设超图 $H_1$ 和 $H_2$ 的顶点集是不相交的，则它们的和是指由 $H_1\bigcup H_2$ 及所有一端在 $V(H_1)$ 另一端在 $V(H_2)$ 的普通边所组成的超图。特别地，有 $K_{m+n}=K_m+K_n$，$K_{m,n}=\overline{K}_m+\overline{K}_n$。

图 6.17 给出了超图 $H_1$、$H_2$ 以及它们的和。

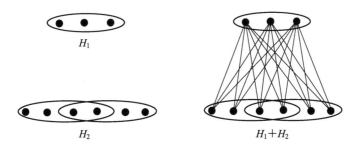

图 6.17　超图 $H_1$、$H_2$ 以及它们的和

设超图 $H_1\in\{K_m，\overline{K}_m，C_m，E_m\}$，$H_2\in\{K_n，\overline{K}_n，C_n，E_n\}$，其中 $E_m$ 表示仅有一条含有所有 $m$ 个顶点的超边所形成的超图。则通过和运算，可以得到如下 16 类超图：

$K_m+K_n，K_m+\overline{K}_n，K_m+C_n，K_m+E_n，\overline{K}_m+K_n，\overline{K}_m+\overline{K}_n，\overline{K}_m+C_n，\overline{K}_m+E_n，$

$$C_m + K_n,\ C_m + \overline{K}_n,\ C_m + C_n,\ C_m + E_n,\ E_m + K_n,\ E_m + \overline{K}_n,\ E_m + C_n,\ E_m + E_n$$

下面给出这几类超图的生成超树的个数。为了完成相应结论的证明，需要做一些准备工作。

设 $G$ 为具有 $n$ 个顶点的连通图，$G$ 的 Laplacian 矩阵为 $\boldsymbol{L}(G) = \boldsymbol{D}(G) - \boldsymbol{A}(G)$（简记为 $\boldsymbol{L} = \boldsymbol{D} - \boldsymbol{A}$），其中 $\boldsymbol{D}(G)$ 表示 $G$ 的度矩阵，$\boldsymbol{A}(G)$ 表示 $G$ 的邻接矩阵。$G$ 的 Laplacian 矩阵的特征值按非降排列依次为 $\lambda_1, \lambda_2, \cdots, \lambda_n$，其中 $\lambda_1 = 0$。

多重图 $G$ 的生成树的个数与其非零特征值之间有如下关系。

**引理 6.7** 设 $G$ 是一个连通的多重图，则其生成树个数为

$$t(G) = \frac{1}{n} \prod_{i=2}^{n} \lambda_i \tag{6-14}$$

其中 $\lambda_i$ 取遍 $G$ 的 Laplacian 矩阵 $\boldsymbol{L}(G)$ 的所有非零特征值。

设 $G_1$ 和 $G_2$ 是两个连通的简单图，则它们的和 $G_1 + G_2$ 的生成树个数与它们的 Laplacian 矩阵 $\boldsymbol{L}(G_1)$ 及 $\boldsymbol{L}(G_2)$ 的特征值之间有如下关系。

**引理 6.8** 设图 $G_1$ 的顶点数目为 $m$，图 $G_2$ 的顶点数目为 $n$。它们的特征值序列分别满足

$$0 = \lambda_1(G_1) \leqslant \lambda_2(G_1) \leqslant \cdots \leqslant \lambda_m(G_1) \tag{6-15}$$

和

$$0 = \lambda_1(G_2) \leqslant \lambda_2(G_2) \leqslant \cdots \leqslant \lambda_n(G_2) \tag{6-16}$$

则 $G_1 + G_2$ 的生成树个数为

$$t(G_1 + G_2) = \prod_{i=2}^{m} [\lambda_i(G_1) + n] \cdot \prod_{j=2}^{n} [\lambda_j(G_2) + m] \tag{6-17}$$

**引理 6.9** $K_n$ 的 Laplacian 谱是 $0^1, n^{n-1}$；$\overline{K}_n$ 的 Laplacian 谱是 $0^n$；$C_n$ 的 Laplacian 谱是 $2 - 2\cos\frac{2i}{n}\pi\ (i = 0, 1, \cdots, n-1)$。

由引理 6.8 和引理 6.9 知，$t(K_m + K_n) = (m+n)^{m-1}(n+m)^{n-1} = (m+n)^{m+n-2}$。由图的和运算的定义知，$K_m + K_n$ 就是完全图 $K_{m+n}$。这与 Cayley 定理的结果是吻合的。

由引理 6.8 和引理 6.9 知，$t(\overline{K}_m + \overline{K}_n) = (0+n)^{m-1}(0+m)^{n-1} = m^{n-1}n^{m-1}$。由图的和运算的定义知，$\overline{K}_m + \overline{K}_n$ 就是完全二部图 $K_{m,n}$。这与 1958 年 Fiedler 等人得出的结论一致。

由引理 6.8 和引理 6.9，可以得到 $K_m + \overline{K}_n$ 和 $\overline{K}_m + K_n$ 的生成树个数分别为

$$t(K_m + \overline{K}_n) = (m+n)^{m-1} m^{n-1} \tag{6-18}$$

$$t(\overline{K}_m + K_n) = (m+n)^{n-1} n^{m-1} \tag{6-19}$$

为了求有 $C_n$ 参与和运算的图类的生成树的个数，有必要介绍要用到的 Chebyshev 多项式的相关知识。

**引理 6.10** 第二类 Chebyshev 多项式的显式表示为

$$U_n(x) = \frac{1}{2\sqrt{x^2 - 1}} \left[ (x + \sqrt{x^2 - 1})^{n+1} - (x - \sqrt{x^2 - 1})^{n+1} \right] \tag{6-20}$$

并且

$$U_{n-1}^2(x) = 4^{n-1} \prod_{i=1}^{n-1} \left( x^2 - \cos^2 \frac{i\pi}{n} \right) \tag{6-21}$$

由引理 6.8 和引理 6.9，可以得到 $K_m + C_n$ 的生成树个数为

$$t(K_m + C_n) = (m+n)^{m-1} \prod_{i=1}^{n-1} \left( m + 2 - 2\cos \frac{2i\pi}{n} \right)$$

$$= (m+n)^{m-1} \prod_{i=1}^{n-1} \left( m + 4 - 4\cos^2 \frac{i\pi}{n} \right)$$

$$= (m+n)^{m-1} 4^{n-1} \prod_{i=1}^{n-1} \left( \frac{m+4}{4} - 4\cos^2 \frac{i\pi}{n} \right) \tag{6-22}$$

基于引理 6.10，可得

$$t(K_m + C_n) = (m+n)^{m-1} U_{n-1}^2 \left( \frac{\sqrt{m+4}}{2} \right)$$

$$= (m+n)^{m-1} \left\{ \frac{1}{2\sqrt{\frac{m+4}{4} - 1}} \left[ \left( \frac{\sqrt{m+4}}{2} + \frac{\sqrt{m}}{2} \right)^n - \left( \frac{\sqrt{m+4}}{2} - \frac{\sqrt{m}}{2} \right)^n \right] \right\}^2$$

$$= \frac{1}{m}(m+n)^{m-1} \left[ \left( \frac{\sqrt{m+4}}{2} + \frac{\sqrt{m}}{2} \right)^{2n} + \left( \frac{\sqrt{m+4}}{2} - \frac{\sqrt{m}}{2} \right)^{2n} - 2 \right] \tag{6-23}$$

由对称性，可得

$$t(C_m + K_n) = \frac{1}{n}(m+n)^{n-1} \left[ \left( \frac{\sqrt{n+4}}{2} + \frac{\sqrt{n}}{2} \right)^{2m} + \left( \frac{\sqrt{n+4}}{2} - \frac{\sqrt{n}}{2} \right)^{2m} - 2 \right] \tag{6-24}$$

类似地可得到 $\overline{K}_m + C_n$，$C_m + \overline{K}_n$，$C_m + C_n$ 的生成树个数分别为

$$t(\overline{K}_m + C_n) = \frac{1}{m} n^{m-1} \left[ \left( \frac{\sqrt{m+4}}{2} + \frac{\sqrt{m}}{2} \right)^{2n} + \left( \frac{\sqrt{m+4}}{2} - \frac{\sqrt{m}}{2} \right)^{2n} - 2 \right] \tag{6-25}$$

$$t(C_m + \overline{K}_n) = \frac{1}{n} m^{n-1} \left[ \left( \frac{\sqrt{n+4}}{2} + \frac{\sqrt{n}}{2} \right)^{2m} + \left( \frac{\sqrt{n+4}}{2} - \frac{\sqrt{n}}{2} \right)^{2m} - 2 \right] \tag{6-26}$$

$$t(C_m + C_n) = \frac{1}{mn} \left[ \left( \frac{\sqrt{m+4}}{2} + \frac{\sqrt{m}}{2} \right)^{2n} + \left( \frac{\sqrt{m+4}}{2} - \frac{\sqrt{m}}{2} \right)^{2n} - 2 \right] \cdot$$

$$\left[ \left( \frac{\sqrt{n+4}}{2} + \frac{\sqrt{n}}{2} \right)^{2m} + \left( \frac{\sqrt{n+4}}{2} - \frac{\sqrt{n}}{2} \right)^{2m} - 2 \right] \tag{6-27}$$

以上给出了生成树个数的显式表达式的九类图实际上都是普通图。接下来的七类图中有非平凡的超边，下面计算它们的生成超树的个数。

作为引入，先计算一个简单的典型超图——扇形超图的生成超树的个数。

阶数为 $r$ 的扇形超图 $F_r$ 具有 $r$ 条普通边和一条含有 $r$ 个顶点的超边，如图 6.18 所示。

**定理 6.5**　扇形超图 $F_{n-1}$ 的生成超树的个数为

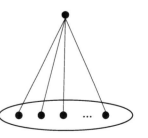

图 6.18　扇形超图

$$t(F_{n-1}) = n \qquad\qquad (6-28)$$

**证明**　设扇形超图 $F_{n-1}$ 中的唯一的非平凡超边为 $e$。易知，$F_{n-1}$ 中不含 $e$ 的生成超树的个数为 1，含 $E$ 的生成超树的个数为 $n-1$。故 $F_{n-1}$ 的生成超树的个数为 $n$。

值得注意的是 $F_{n-1}$ 的生成超树中超边个数不是确定的。不包含 $e$ 的生成超树的超边个数为 $n$，包含 $e$ 的生成超树的超边个数为 2。

事实上，著名的 Feussner 公式在超图理论中也是成立的。下面将其写成定理的形式。

**定理 6.6**　设 $H$ 是一个超图，对于 $H$ 的任意一条超边 $e$，有

$$t(H) = t(H-e) + t(H\backslash e) \qquad\qquad (6-29)$$

**证明**　由于 $H$ 的每一个不包含 $e$ 的生成超树也是 $H-e$ 的生成超树，而 $H-e$ 的生成超树肯定是 $H$ 的不含 $e$ 的生成超树。所以，$t(H-e)$ 是 $H$ 的不包含 $e$ 的生成超树的个数。

对于 $H$ 的每一个包含超边 $e$ 的生成超树 $HT$，相应地有一个 $H\backslash e$ 的生成超树 $HT\backslash e$，显然这是个一一对应。所以，$t(H\backslash e)$ 恰好是 $H$ 的包含超边 $e$ 的生成超树的数目。

综上可得

$$t(H) = t(H-e) + t(H\backslash e)$$

对于扇形超图 $F_{n-1}$，由定理 6.5 的证明过程可知，$t(F_{n-1}-e)=1$，$t(F_{n-1}\backslash e)=n-1$。满足 Feussner 公式。

接下来给出有非平凡超边的七类超图的生成超树的个数。

**定理 6.7**　超图 $\overline{K}_m + E_n$、$\overline{K}_n + E_m$ 的生成超树的个数分别为

$$t(\overline{K}_m + E_n) = m^{n-1} n^{m-1} + n^m \qquad\qquad (6-30)$$

$$t(\overline{K}_n + E_m) = m^{n-1} n^{m-1} + m^n \qquad\qquad (6-31)$$

**证明**　对于超图 $\overline{K}_m + E_n$（如图 6.19 所示），设其非平凡的超边为 $e$。由定理 6.6 知

$$t(\overline{K}_m + E_n) = t(\overline{K}_m + \overline{K}_n) + t((\overline{K}_m + E_n)\backslash e)$$

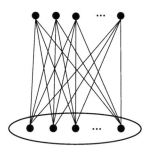

图 6.19　具有 $m$ 个顶点的超图与具有 $n$ 个顶点的平凡超图的和 $\overline{K}_m + E_n$

设图 $(\overline{K}_m + E_n)\backslash e$ 中由超边 $e$ 压缩后得到的顶点为 $v_e$。在图 $(\overline{K}_m + E_n)\backslash e$ 中，对于任意的 $u_i \in V(\overline{K}_m)(i=1, 2, \cdots, m)$ 都与顶点 $v_e$ 有 $n$ 条连边。要得到 $(\overline{K}_m + E_n)\backslash e$ 的一个生成树，任意一个 $u_i(i=1, 2, \cdots, m)$ 都与 $v_e$ 有唯一的连边，从而 $t((\overline{K}_n + E_m)\backslash e) = n^m$。又 $t(\overline{K}_n + \overline{K}_m) = m^{n-1} n^{m-1}$，所以有

$$t(\overline{K}_m + E_n) = m^{n-1} n^{m-1} + n^m$$

由对称性，有

$$t(\overline{K}_n + E_m) = m^{n-1}n^{m-1} + m^n$$

**定理 6.8**　超图 $K_m + E_n$、$K_n + E_m$ 的生成超树的个数分别为

$$t(K_m + E_n) = (m+n)^{m-1}m^{n-1} + n(m+1)(m+n)^{m-1} \tag{6-32}$$

$$t(K_n + E_m) = (m+n)^{n-1}m^{m-1} + m(n+1)(m+n)^{n-1} \tag{6-33}$$

**证明**　设 $K_m + E_n$（如图 6.20 所示）中的非平凡的超边为 $e$。由定理 6.6，分为两种情形来考虑。

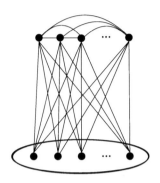

图 6.20　具有 $m$ 个顶点的完全图与具有 $n$ 个顶点的平凡超图的和 $K_m + E_n$

**情形 1**　考虑图 $(K_m + E_n) - e$ 的生成树的个数。

因为 $(K_m + E_n) - e = K_m + \overline{K}_n$，而 $t(K_m + \overline{K}_n) = (m+n)^{m-1}m^{n-1}$，所以图 $(K_m + E_n) - e$ 的生成树的个数为 $(m+n)^{m-1}m^{n-1}$。

**情形 2**　考虑图 $(K_m + E_n)\backslash e$ 的生成树的个数。

设图 $(K_m + E_n)\backslash e$ 中由超边 $e$ 压缩后得到的顶点为 $v_e$。只需要考虑由如下两步得到的多重图 $MK$ 的生成树的个数：

(ⅰ) 先有一个完全图 $K_m$；

(ⅱ) $K_m$ 的每一个顶点都与顶点 $v_e$ 连 $n$ 条边。

下面计算多重图 $MK$ 的 Laplacian 特征值。

由多重图 $MK$ 的生成步骤可知，其 Laplacian 矩阵为

$$
\begin{aligned}
\boldsymbol{L}(MK) &= \boldsymbol{D}(MK) - \boldsymbol{A}(MK) \\[4pt]
&= \begin{pmatrix} mn & 0 & 0 & \cdots & 0 \\ 0 & m+n-1 & 0 & \cdots & 0 \\ 0 & 0 & m+n-1 & \cdots & 0 \\ & & & \vdots & \\ 0 & 0 & 0 & \cdots & m+n-1 \end{pmatrix} - \begin{pmatrix} 0 & n & n & \cdots & n \\ n & 0 & 1 & \cdots & 1 \\ n & 1 & 0 & \cdots & 1 \\ & & & \vdots & \\ n & 1 & 1 & \cdots & 0 \end{pmatrix} \\[4pt]
&= \begin{pmatrix} mn & -n & -n & \cdots & -n \\ -n & m+n-1 & -1 & \cdots & -1 \\ -n & -1 & m+n-1 & \cdots & -1 \\ & & & \vdots & \\ -n & -1 & -1 & \cdots & m+n-1 \end{pmatrix}
\end{aligned} \tag{6-34}
$$

多重图 $MK$ 的特征多项式为

$$\lambda \boldsymbol{I} - \boldsymbol{L}(MK) = \begin{vmatrix} \lambda - mn & n & n & \cdots & n \\ n & \lambda - m - n + 1 & 1 & \cdots & 1 \\ n & 1 & \lambda - m - n + 1 & \cdots & 1 \\ & & & \vdots & \\ n & 1 & 1 & \cdots & \lambda - m - n + 1 \end{vmatrix}$$

$$= \lambda [\lambda - n(m+1)] (\lambda - m - n)^{m-1}$$

$$(6-35)$$

从而易知多重图 $MK$ 的 Laplacian 特征值为

$$\lambda_1 = 0, \quad \lambda_2 = \lambda_3 = \cdots = \lambda_m = m + n, \quad \lambda_{m+1} = n(m+1) \qquad (6-36)$$

由引理 6.6 知，多重图 $MK$ 的生成树的个数为

$$t(MK) = n(m+1)(m+n)^{m-1} \qquad (6-37)$$

所以，非一致超图 $K_m + E_n$ 的生成超树的个数为

$$t(K_m + E_n) = (m+n)^{m-1} m^{n-1} + n(m+1)(m+n)^{m-1}$$

由对称性，有

$$t(K_n + E_m) = (m+n)^{n-1} n^{m-1} + m(n+1)(m+n)^{n-1}$$

**定理 6.9** 超图 $C_m + E_n$、$C_n + E_m$ 的生成超树的个数分别为

$$t(C_m + E_n) = \frac{1}{n}(m^{n-1} + 1)\left[\left(\frac{\sqrt{n+4}}{2} + \frac{\sqrt{n}}{2}\right)^{2m} + \left(\frac{\sqrt{n+4}}{2} - \frac{\sqrt{n}}{2}\right)^{2m} - 2\right] \qquad (6-38)$$

$$t(C_n + E_m) = \frac{1}{m}(n^{m-1} + 1)\left[\left(\frac{\sqrt{m+4}}{2} + \frac{\sqrt{m}}{2}\right)^{2n} + \left(\frac{\sqrt{m+4}}{2} - \frac{\sqrt{m}}{2}\right)^{2n} - 2\right] \qquad (6-39)$$

**证明** 设 $C_m + E_n$（如图 6.21 所示）中的非平凡的超边为 $e$。由定理 6.6，分为两种情形来考虑。

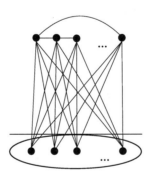

图 6.21 具有 $m$ 个顶点的圈与具有 $n$ 个顶点的平凡超图的和 $C_m + E_n$

**情形 1** 考虑图 $(C_m + E_n) - e$ 的生成树的个数。

因为 $(C_m + E_n) - e = C_m + \overline{K}_n$，所以图 $(C_m + E_n) - e$ 的生成树的个数为

$$\frac{1}{n} m^{n-1}\left[\left(\frac{\sqrt{n+4}}{2} + \frac{\sqrt{n}}{2}\right)^{2m} + \left(\frac{\sqrt{n+4}}{2} - \frac{\sqrt{n}}{2}\right)^{2m} - 2\right]$$

**情形 2** 考虑图 $(C_m + E_n) \backslash e$ 的生成树的个数。

设图 $(C_m + E_n) \backslash e$ 中由超边 $e$ 压缩后得到的顶点为 $v_e$。只需要考虑由如下两步得到的多重图 $MC$ 的生成树的个数：

(i) 先有一个圈 $C_m$；

(ii) $C_m$ 的任意一个顶点 $v_i (i = 1, 2, \cdots, m)$ 都与顶点 $v_e$ 连 $n$ 条边。

若多重图 $MC$ 对应的 Laplacian 矩阵为 $L(MC)$，则

$$L(MC) = \begin{pmatrix} n+2 & -1 & 0 & 0 & \cdots & -1 & -n \\ -1 & n+2 & -1 & 0 & \cdots & 0 & -n \\ 0 & -1 & n+2 & -1 & \cdots & 0 & -n \\ 0 & 0 & -1 & n+2 & \cdots & 0 & -n \\ & & & \vdots & & & \\ -1 & 0 & 0 & 0 & \cdots & n+2 & -n \\ -n & -n & -n & -n & \cdots & -n & mn \end{pmatrix} \quad (6-40)$$

用 $L(i, j)$ 表示在 Laplacian 矩阵 $L$ 中删除第 $i$ 行第 $j$ 列所得的子矩阵。对于多重图 $MC$ 对应的 Laplacian 矩阵 $L(MC)$，则有 $L_{MC}(m+1, m+1) = (n+2)I_m - A(C_m)$。

设 $\mu_i (i = 0, 1, 2, \cdots, m-1)$ 为 $L_{MC}(m+1, m+1)$ 的特征值，由 Kirchhoff 矩阵-树定理有

$$t(MC) = \det(L_{MC}(m+1, m+1)) = \det((n+2)I_m - A(C_m)) = \prod_{i=0}^{m-1} \mu_i \quad (6-41)$$

$$= \prod_{i=0}^{m-1} [(n+2) - \lambda_i]$$

其中，$\lambda_i$ 为 $A(C_m)$ 的特征值。由引理 6.8，有

$$t(MC) = \prod_{i=0}^{m-1} \left[ (n+2) - 2\cos \frac{2i\pi}{m} \right]$$

$$= \prod_{i=0}^{m-1} \left[ (n+4) - 4\cos^2 \frac{i\pi}{m} \right] = U_{m-1}^2 \left( \frac{\sqrt{n+4}}{2} \right)$$

$$= \frac{1}{n} \left[ \left( \frac{\sqrt{n+4}}{2} + \frac{\sqrt{n}}{2} \right)^{2m} + \left( \frac{\sqrt{n+4}}{2} - \frac{\sqrt{n}}{2} \right)^{2m} - 2 \right] \quad (6-42)$$

所以，非一致超图 $C_m + E_n$ 的生成超树的个数为

$$t(C_m + E_n) = \frac{1}{n}(m^{n-1} + 1) \left[ \left( \frac{\sqrt{n+4}}{2} + \frac{\sqrt{n}}{2} \right)^{2m} + \left( \frac{\sqrt{n+4}}{2} - \frac{\sqrt{n}}{2} \right)^{2m} - 2 \right]$$

由对称性，有

$$t(C_n + E_m) = \frac{1}{m}(n^{m-1} + 1) \left[ \left( \frac{\sqrt{m+4}}{2} + \frac{\sqrt{m}}{2} \right)^{2n} + \left( \frac{\sqrt{m+4}}{2} - \frac{\sqrt{m}}{2} \right)^{2n} - 2 \right]$$

**定理 6.10** 超图 $E_m + E_n$ 的生成超树的个数为

$$t(E_m + E_n) = m^{n-1} n^{m-1} + m^n + n^m + mn \quad (6-43)$$

**证明** 设非一致超图 $E_m + E_n$（如图 6.22 所示）中的两条非平凡超边分别为 $e$ 和 $e'$。依

据 $E_m + E_n$ 中包含非平凡超边的不同情况，考虑如下四种情形。

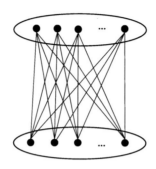

图 6.22 具有 $m$ 个顶点的平凡超图与具有 $n$ 个顶点的平凡超图的和 $E_m + E_n$

**情形 1** $E_m + E_n$ 中不含非平凡超边的生成树的个数为

$$t[(E_m + E_n) - (E \cup E')] = t(\overline{K}_m + \overline{K}_n) = m^{n-1} n^{m-1} \qquad (6-44)$$

**情形 2** $E_m + E_n$ 中含有非平凡超边 $e$ 的生成超树的个数为 $m^n$。

**情形 3** $E_m + E_n$ 中含有非平凡超边 $e'$ 的生成超树的个数为 $n^m$。

**情形 4** $E_m + E_n$ 同时含有两条非平凡超边 $e$ 和 $e'$ 的生成超树的个数为 $mn$。

所以，非一致超图 $E_m + E_n$ 的生成超树的个数为

$$t(E_m + E_n) = m^{n-1} n^{m-1} + m^n + n^m + mn$$

# 6.5 本章小结

本章首先引入广义超树的概念，并探讨了几类广义超树的边数界限。在普通树中，删除任意边后分支数恰为 2，但超图中的树概念更为复杂。因此，重点研究删除任意边后分支数仍为 2 的广义超树。接下来，利用图的运算，构建了 16 类具有特殊结构的超图，其中 9 类为普通图。最后，结合超树定义、因式分解定理及图谱知识，计算了这 16 类超图的生成超树的个数。随着超网络可靠性理论的不断发展，计算基于不同超树定义的生成超树个数变得愈发重要。

# 参 考 文 献

[1] MOON J W. Counting labelled trees[M]. Canad. Math. Congress，1970.

[2] 孙林. 几个特殊超图在完美图上的应用[J]. 山东大学学报(理学版)，2011，46(8)：92-94.

[3] NIEMINEN J，PELTOLA M. Hypertrees[J]. Applied Mathematics Letters，1999，12(2)：35-38.

[4] KATONA G Y，SZABÓ P G N. Bounds on the number of edges in hupertrees[J].

Discrete Math，2016(339)：1984 – 1991.

[5] KATONA G Y，KIERSTEAD. Hamiltonian chains in hypergraphs[J]. Graph Theory，1999(30)，205 – 212.

[6] 毛经中. 关于超图中的树-超树[J]. 华中师院学报，1982(S1)：48 – 52.

[7] GOODMAN J R，SEQUIN C H. Hypertree：a multiProcessor Interconnection topology[J]. IEEE Transactions on Computers，1981，30(12)：923 – 933.

[8] 许小满，孙雨耕，杨山. 超图理论及其应用[J]. 电子学报，1994(22)：65 – 71.

[9] KANTAROS Y，ZAVLANOS M M. Distributed communication-aware coverage control by mobile sensor networks[J]. Automatica，2016，63(C)：209 – 220.

[10] GU X F，LAI H J. Realizing degree sequences with k-edge-connected uniform hypergraphs[J]. Discrete Mathematics，2013，313(12)：1394 – 1400.

[11] 李晓明，黄振杰. 图中树的数目：计算及其在网络可靠性中的作用[M]. 哈尔滨：哈尔滨工业大学出版社，1993.

[12] 王志，宋宝瑞. 对称矩阵的行列式的 Feussner 展开及其在图论中的应用[J]. 宁夏师范学院学报(自然科学)，2007，28(3)：5 – 11.

[13] 卢鹏丽. 切比雪夫多项式与循环图中生成树的个数[J]. 兰州大学学报(自然科学版)，2007，43(3)：114 – 117.

[14] XIAO Y Z，ZHAO H X，HU G N，et al. Enumeration of spanning trees in planar unclustered networks[J]. Physica A，2014(406)：236 – 243.

[15] GILBERT E N. Random graphs[J]. Ann Math Stat. 1959(30)：1141 – 1144.

[16] 柳柏濂. 超树的计数[J]. 高校应用数学学报，1988，3(3)：359 – 363.

[17] 黄俊源. 无标号无圈超图的计数[D]. 广州：华南师范大学，2007.

[18] SHAN Z L，LIU B L. The counting series for unlabeled linear acyclic hypergraphs [J]. Ars Combinatoria，2006(78)：225 – 235.

[19] 刘木伙，柳柏濂. 无标号真严格(d)-连通无圈超图的计数[J]. 应用数学学报，2009，32(6)：1086 – 1096.

[20] GOODALL A，MIER A. Spanning trees of 3-uniform hypergraphs[J]. Advances in Applied Mathematics，2011(47)：840 – 868.

[21] SIVASUBRAMANIAN S. Spanning trees on complete uniform hypergraphs and a connection to extended r-shi hyperplane arrangements[J]. Mathematics，2006(23)：3433.

[22] 徐俊明. 组合网络理论[M]. 北京：科学出版社，2007.

# 第七章

# 几种典型超图的可靠度

前面系统地提出了边失效下超网络可靠度理论，本章将该理论应用于几种典型超图的可靠度计算。

## 7.1 概　　述

典型超图的可靠度计算及相关问题的研究可以加深读者对超网络可靠度研究的感性认识。对于诸多的经典超图，它们都是超网络可靠度很好的研究对象。本章研究了 $r$-一致完全超图和 Steiner 系及其推广的可靠度。

$r$-一致完全超图是 $r$-一致超图中最稠密的超图，它通常作为子结构出现在大型超网络中。$r$-一致完全超图的可靠度是 $r$-一致超图可靠度的上界，具有重要的研究意义。在 7.2 节中，给出了边失效下的 $r$-一致完全超图可靠度的递推关系式，通过其标准形式，确定并计算了 $r$-一致完全超图中一些情形下的连通生成子超图（如主生成超树）的个数。

Steiner 系的研究始于著名的趣味数学问题——Kirkman 问题，它是超图中经典的图类。其特点在于每一条超边的顶点个数相同，且每一对顶点只出现在唯一的一条超边中一次。Steiner 系的 2-截图和推广的 2-截图是一样的，均为完全图。如果将 Steiner 系的每条边连成一个团，则相应 Steiner 系的 2-截图就是这些团的边不交的并。正是由于 Steiner 系的这些良好的性质，其在实验设计中具有广泛的应用。本节提出的 Steiner 系的推广在于减弱"每一条超边的顶点个数相同"这一限制。在 7.3 节中，对 Steiner 系及其推广中的几个小规模超图可靠度的计算结果进行了实验仿真，同时给出了一类非平凡的推广的 Steiner 系的构造方法。

## 7.2 完全超图的可靠度

在本节中，$R(H, p)$ 表示超图 $H$ 中以概率 $p$ 存活的超边诱导的生成子超图是连通的概率。其主要结果是得到计算具有 $n$ 个顶点的 $r$-一致完全超图 $K_n^r$ 的可靠度 $R(K_n^r, p)$ 的递推关系式。进而提供了计算 $K_n^r$ 中的连通的生成子超图的新的方法。由于多种原因，$r$-一

致完全超图 $K_n^r$ 的可靠度的研究一直受到持续的关注。$r$-一致完全超图通常作为一个大的超网络中的子网络出现。并且，$r$-一致完全超图 $K_n^r$ 是所有的 $r$-一致超图中最稠密的，所以一旦得到了 $r$-一致完全超图的可靠度，就可以很自然地得到 $r$-一致超图的可靠度的上界。另外，$r$-一致完全超图的良好的组合结构为研究者们探索其对称性提供了可能。

## 7.2.1　完全超图递推关系概述

Gilbert 提出了一种计算完全图 $K_n$ 的全端可靠度的递归方法，该方法通过固定一个顶点 $v \in V$，考虑所有的含有顶点 $v$ 的 $k$ 阶连通子图和对应的 $n-k$ 阶子图的关系，则可靠度 $R(K_n, p)$ 恰好等于 $n$ 个顶点诱导的生成子图是连通的概率。运用类比的方法，对这一思想进行了具有实质性的推广，得到了超图中相应的结果。Gilbert 的结果只是本节的研究结果的一种特殊情形。采用类比的思想，本节中研究了边失效下 $r$-一致完全超图的可靠度。

树是所有图论中最基本、最有用和最容易理解的研究对象之一。这种常识在超图理论中也是适用的。

边失效下的网络可靠度与相应图的生成树数目密切相关。在普通图的类似关系的启发下，得到了 $r$-一致完全超图中的主生成超树的个数，本节的主生成超树的定义是基于广义超树的定义的。

设 $n$，$r$ 均为正整数且满足 $2 \leqslant r \leqslant n-1$，具有 $n$ 个顶点的 $r$-一致完全超图记为 $K_n^r$，$n$ 阶顶点集 $V$ 的所有 $r$ 阶子集组成的集合即为 $K_n^r$ 的超边集合 $E$。至于 $r$-一致完全超图的具体的应用，可以参考相关文献。

依据前面知识，在超图上对图的边失效下的可靠度进行推广研究。假设超图 $H$ 的所有的边是否失效是相互独立的并且每条边都有相同的失效概率 $q$。$H$ 的存活的子超图是指其连通生成超图。超图 $H(V, E)$ 的可靠多项式 $R(H, q)$ 是指超边失效下其存活的子超图在生成子超图中的概率。

超图的可靠多项式在很多文献中以 $R(H, p)$（其中 $p = 1-q$）的形式出现。为了表述简单起见，现将超图 $H$ 的可靠度表示为关于边失效的概率 $q$ 的函数。

超图 $H$ 的生成超树是其具有最小边数的连通生成子超图，它是一棵广义超树，下文中称之为 $H$ 的主生成超树。超图 $H$ 的主生成超树的数目记为 $\tau(H)$。

## 7.2.2　$r$-一致完全超图可靠度的递推公式

在本小节中，提出了一个用于计算 $r$-一致完全超图的可靠多项式的递推公式。作为准备，先重温一个关于完全图的全终端可靠度的经典定理。通过区分完全图的一个顶点，Gilbert 得到了以下的结果。

**定理 7.1**　完全图 $K_n (n \geqslant 2)$ 的可靠多项式满足如下的递推关系：

$$R(K_n, q) = q - \sum_{k=1}^{n-1} \binom{n-1}{k-1} R(K_k, q) q^{k(n-k)} \tag{7-1}$$

式（7-1）结合初始条件 $R(K_1, q) = 1$ 可以唯一确定可靠度 $R(K_n, q)$。

本书中用 $\binom{n}{i}$ 表示从 $n$ 个元素中取 $i$ 个元素的组合数。例如，$\binom{5}{3}$ 即为 $C_5^3 = 10$。

接下来考虑 $r$-一致完全超图的可靠度。根据定理 7.1，研究 $r$-一致完全超图的可靠多项式。下面的主要结果是 Gilbert 的结果的推广。

**定理 7.2** $r$-一致完全超图 $K_n^r$ $(n \geq 2, 2 \leq r \leq n-1)$ 的可靠多项式满足如下的递推关系：

$$R(K_n^r, q) = 1 - \binom{n-1}{0} R(K_1, q) q^{\binom{n-1}{r-1}} - \sum_{k=r}^{n-1} \binom{n-1}{k-1} R(K_k^r, q) q^{\binom{n}{r} - \binom{k}{r} - \binom{n-k}{r}}$$

$$(7-2)$$

式 (7-2) 结合初始条件 $R(K_1, q) = 1$，$R(K_k^k, q) = 1 - q$ 以及规定的条件 $\binom{n}{m} = 0 (n < m)$ 可以唯一确定可靠度 $R(K_n^r, q)$。

**证明** 设顶点 $v$ 是 $r$-一致完全超图 $K_n^r$ 的一个固定的顶点。证明过程通过以下两步来完成。

**步骤 1** 式 (7-2) 的右边从 1 中减去的第一个量实际上等于 $q^{\binom{n-1}{r-1}}$，它是 $K_n^r$ 中包含顶点 $v$ 作为孤立点的不连通生成子图的概率。$K_n^r$ 中含顶点 $v$ 的超边的条数为 $\binom{n-1}{r-1}$。

**步骤 2** 式 (7-2) 的右边第二个减去的量是和的形式，即 $\sum_{k=r}^{n-1} \binom{n-1}{k-1} R(K_k^r, q) q^{\binom{n}{r} - \binom{k}{r} - \binom{n-k}{r}}$，它是 $K_n^r$ 中的一类不连通的生成子超图的概率。在这类不连通的生成子超图中，包含顶点 $v$ 的 $k$ 阶 $r$-一致完全超图 $K_k^r$ 是一个连通的分支。从 $K_n^r$ 的顶点集 $V$ 的除去顶点 $v$ 后剩余的 $n-1$ 个顶点中，选取 $k-1$ 个组成顶点集 $A$ 的情况数为 $\binom{n-1}{k-1}$，则 $R(K_k^r, q)$ 是顶点集 $B = A \cup \{v\}$ 诱导的连通的子超图的概率。对于特殊情形 $k = r$，$k$ 个顶点诱导的子超图是包含所有 $k$ 个顶点的一条超边，为了形式上的统一，将其记为 $K_k^k$。依据超网络的边失效下的可靠度的定义，可得 $R(K_k^k, q) = 1 - q$。在 $r$-一致完全超图 $K_n^r$ 中，连接顶点集 $B$ 诱导的连通子超图和顶点集 $V - B$ 诱导的子超图之间的超边都失效的概率为 $q^{\binom{n}{r} - \binom{k}{r} - \binom{n-k}{r}}$。而这些超边的条数为 $\binom{n}{r} - \binom{k}{r} - \binom{n-k}{r}$。

在定理 7.2 中，$r = 2$ 的特殊情形就是 Gilbert 的定理 7.1 的结果。

依据定理 7.2，表 7-1 中给出了阶数分别为 4、5、6、7 时的 $r$-一致完全超图 $K_n^r$ 的可靠多项式。

基于表 7-1 中的一些规模较小的 $r$-一致完全超图 $K_n^r$ 的可靠多项式，分别对 $r$ 一定和 $n$ 一定的情况做实验分析，分别如图 7.1 和图 7.2 所示。

表 7 - 1　一些规模较小的 $r$-一致完全超图的可靠多项式

| $r$ | $n$ | | | |
|---|---|---|---|---|
| | 4 | 5 | 6 | 7 |
| 3 | $1-4q^3+3q^4$ | $1-5q^6+10q^9-6q^{10}$ | $1-6q^{10}+15q^{16}-10q^{18}$ | $1-7q^{15}+21q^{25}-35q^{30}+140q^{33}-210q^{34}+90q^{35}$ |
| 4 | | $1-5q^4+4q^5$ | $1-6q^{10}+15q^{14}-10q^{15}$ | $1-7q^{20}+21q^{30}-35q^{34}+20q^{35}$ |
| 5 | | | $1-6q^5+5q^6$ | $1-7q^{15}+21q^{20}-15q^{21}$ |
| 6 | | | | $1-7q^6+6q^7$ |

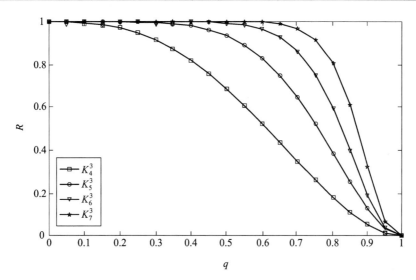

图 7.1　当 $r=3$，$n$ 分别为 4、5、6、7 时，$r$-一致完全超图的可靠度

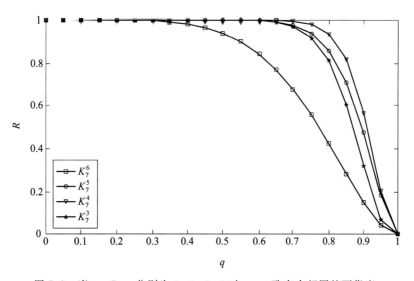

图 7.2　当 $n=7$，$r$ 分别为 3、4、5、6 时，$r$-一致完全超图的可靠度

由图 7.1 可知，在相应的 4 个超图中，$K_7^3$ 的可靠度最大，并且当边失效的概率趋近于 0 时，$R(K_7^3)$ 也趋近于 1，稳定性也最好。

由图 7.2 可知，在相应的 4 个超图中，$K_7^4$ 的可靠度最大，并且当边失效的概率趋近于 0 时，$R(K_7^4)$ 也趋近于 1，稳定性也最好。

当 $r$ 的取值接近 $n$ 时，计算定理 7.2 中的可靠多项式 $R(K_n^r, q)$ 的项数是有限的，因此可以得到它们的关于 $n$ 的显式表达式。当 $r=n-1$，$n-2$ 和 $n-3$ 时，由定 7.2 可以得到推论 7.1。

**推论 7.1** $r$ 分别为 $n-1$、$n-2$、$n-3$ 时，$r$-一致完全超图 $K_n^r$ 的可靠多项式分别为

$$R(K_n^{n-1}, q) = 1 - nq^{n-1} + (n-1)q^n, \quad n \geqslant 3 \tag{7-3}$$

$$R(K_n^{n-2}, q) = 1 - nq^{\binom{n-1}{2}} + \binom{n}{2}q^{\binom{n}{2}-1} - \binom{n-1}{2}q^{\binom{n}{2}}, \quad n \geqslant 4 \tag{7-4}$$

$$R(K_n^{n-3}, q) = 1 - nq^{\binom{n-1}{3}} + \binom{n}{2}q^{\binom{n}{3}-n-2} - \binom{n}{3}q^{\binom{n}{3}-1} + \binom{n-1}{3}q^{\binom{n}{3}}, \quad n \geqslant 5 \tag{7-5}$$

### 7.2.3　$r$-一致完全超图的主生成超树计数

#### 1. 可靠多项式的标准形式

下面给出递推公式的等价运算，由此可以得到相应的 $r$-一致完全超图的一些性质。例如，研究边以确定的概率随机失效下的 $r$-一致完全超图的存活的边所诱导的连通的生成子超图的个数。特别地，完全超图的主生成超树的个数可以由此直接得到。借助于图的可靠度研究中提出的方法，可以将超图的全终端可靠度定义为一个类似的等价形式，即关于 $1-q$ 和 $q$ 的齐次多项式的形式。对于 $r$-一致完全超图，这种标准形式如下：

$$R(K_n^r, q) = \sum_{i=0}^{\binom{n}{r}} s_i(K_n^r)(1-q)^i q^{\binom{n}{r}-i} \tag{7-6}$$

其中 $s_i(K_n^r)$ 是 $r$-一致完全超图中具有 $i$ 条边的连通生成子超图的个数。

以可靠多项式 $R(K_6^3, q)$ 为例，给出其等价转化后的标准形式如下：

$$R(K_6^3, q) = 1 - 6q^{10} + 15q^{16} - 10q^{18}$$

$$= \sum_{i=0}^{20} \binom{20}{i}(1-q)^i q^{20-i} - 6\left[\sum_{i=0}^{10} \binom{10}{i}(1-q)^i q^{10-i}\right]q^{10} +$$

$$15\left[\sum_{i=0}^{4} \binom{4}{i}(1-q)^i q^{4-i}\right]q^{16} - 10\left[\sum_{i=0}^{2} \binom{2}{i}(1-q)^i q^{2-i}\right]q^{18}$$

$$= 480(1-q)^3 q^{17} + 3600(1-q)^4 q^{16} + 13\,992(1-q)^5 q^{15} +$$

$$31\,200(1-q)^6 q^{14} + 76\,800(1-q)^7 q^{13} + 125\,700(1-q)^8 q^{12} +$$

$$167\,900(1-q)^9 q^{11} + 184\,750(1-q)^{10} q^{10} +$$

$$\sum_{i=11}^{20} \binom{20}{i}(1-q)^i q^{20-i}$$

从这些方程中，可以发现 $K_6^3$ 中没有只具有两条边的连通生成子超图，其主生成超树的个数为 480，具有 4 条边的连通生成子超图的个数为 3600，以此类推。

**2. $r$-一致完全超图的主生成超树数目**

根据第三章中广义超树的定义和经典的网络可靠性理论，$r$-一致完全超图的主生成超树是指其边数最小的连通生成子超图。一个超图的例子是 $H_1=(V，\varepsilon_1)$，其顶点集为 $V=\{a，b，c，d，e\}$，超边集为 $\varepsilon_1=\{E_1=\{a，b，e\}，E_2=\{c，d，e\}\}$。另一个超图的例子是 $H_2=(V，\varepsilon_2)$，其顶点集为 $V=\{a，b，c，d，e\}$，超边集为 $\varepsilon_2=\{E_1=\{a，d，e\}，E_2=\{b，d，e\}，E_3=\{c，d，e\}\}$。$H_1$ 和 $H_2$ 都是 $K_5^3$ 的生成子超图，并且都是广义超树。由引理 6.3 知，具有 5 个顶点的连通的 3-一致超图至少有 2 条边。因为 $|\varepsilon_1|=2$，所以 $H_1$ 是 $K_5^3$ 的传统的生成超树；而 $|\varepsilon_2|=3$，所以 $H_2$ 不是 $K_5^3$ 的传统的生成超树，它是 $K_5^3$ 的生成子超图，也是 $K_5^3$ 的广义的生成超树。由 6.4.3 小节的内容，有 $\tau(K_5^3)=15$，而 $K_5^3$ 的具有树结构的生成子超图的个数为 25。由此可以发现 $r$-一致完全超图的传统的生成超树是其广义的生成超树和生成子超图，但反过来却不成立。

结合定理 7.2 中的 $r$-一致完全超图 $K_n^r(n\geqslant 2，2\leqslant r\leqslant n-1)$ 的递推关系式和超图可靠度的等价的标准形式，可以得到 $K_n^r$ 的主生成超树的个数。

**定理 7.3**　$r$-一致完全超图 $K_n^r$ 的主生成超树的个数为

$$\tau(K_n^r)=s_{\left\lceil\frac{n-1}{r-1}\right\rceil}(K_n^r) \tag{7-7}$$

**证明**　设 $H$ 是 $K_n^r$ 的连通生成子超图。要使得 $H$ 是 $K_n^r$ 的主生成超树，如果其边数表示为 $m(ST)$，由引理 6.3 知，要满足的先决条件是 $s(ST)\geqslant\dfrac{n-1}{r-1}$。

**情形 1**　如果 $\dfrac{n-1}{r-1}$ 是整数，则有

$$m(ST)=\frac{n-1}{r-1}$$

**情形 2**　如果 $n-1=k(r-1)+t$，其中 $k$ 是非负整数且 $t=1，2，\cdots，r-2$，则有

$$m(ST)=k+1$$

基于以上两种情形，需要证明的结论是成立的。

表 7-2 给出了阶数 $n$ 分别为 4、5、6、7、8 时的 $r$-一致完全超图 $K_n^r$ 的主生成超树的个数。

**表 7-2　一些规模较小的 $r$-一致完全超图的生成超树的个数**

| $r$ | $n$ | | | | |
| --- | --- | --- | --- | --- | --- |
| | 4 | 5 | 6 | 7 | 8 |
| 3 | 6 | 15 | 480 | 735 | 117 810 |
| 4 | | 10 | 45 | 70 | 14 560 |
| 5 | | | 15 | 105 | 280 |
| 6 | | | | 21 | 210 |
| 7 | | | | | 28 |

根据主生成超树的定义和 $r$-一致完全超图的可靠度的标准表示，定理 7.3 的结果对所

有 $r$-一致超图都是成立的并且是直观的。然而，对于一般超图，解决其主生成超树的计数问题是很困难的，有待于进一步的研究。

关于 $K_n^r$ 中的主生成超树的计数，对于一些特殊情况，可以得到如下结果。

**定理 7.4** 如果 $1 \leqslant k \leqslant \lfloor \frac{n}{2} \rfloor$ 且 $K_n^r(r=n-k)$ 是具有 $n$ 个顶点的 $r$-一致完全超图，则有

$$\tau(K_n^r) = \binom{\binom{n}{k}}{2} - \binom{\binom{n-1}{k-1}}{2} - \sum_{r=1}^{k-1} \binom{n-1}{r} \tau(K_{n-r}^{n-k}) \qquad (7-8)$$

$$\tau(K_n^r) = \frac{1}{2} \binom{n}{2k} \binom{2k}{k} \qquad (7-9)$$

**证明** 设 $K_n^r \left( r=n-k, 1 \leqslant k \leqslant \lfloor \frac{n}{2} \rfloor \right)$ 为具有 $n$ 个顶点的 $r$-一致完全超图。由定理 7.3 知，有 $\tau(K_n^{n-l}) = s_2(K_n^{n-k}) \left( 1 \leqslant k \leqslant \lfloor \frac{n}{2} \rfloor \right)$。由定理 7.2 可以得到 $R(K_n^{n-l})$ 的递推公式，将其化为标准形式后，结合定理 7.3，可得

$$s_2(K_n^{n-k}) = \binom{\binom{n}{k}}{2} - \binom{\binom{n-1}{k-1}}{2} - \sum_{r=1}^{k-1} \binom{n-1}{r} \tau(K_{n-r}^{n-k}) \qquad (7-10)$$

所以，式(7-8)成立。

另一方面，由于 $K_n^{n-l}$ 的主生成超树的边数为 2，从组合学的角度可知其生成超树的个数满足式(7-9)。

至此，完成了定理 7.4 的证明。

**注** 由定理 7.4 中的式(7-9)可得

$$\tau(K_{n-r}^{n-k}) = \frac{1}{2} \binom{n-r}{2k-2r} \binom{2k-2r}{k-r} \qquad (7-11)$$

将式(7-11)代入式(7-8)，并由此两式的右边相等可得

$$\binom{\binom{n}{k}}{2} - \binom{\binom{n-1}{k-1}}{2} - \frac{1}{2} \sum_{i=1}^{k-1} \binom{n-1}{r} \binom{n-r}{2k-2r} \binom{2k-2r}{k-r} = \frac{1}{2} \binom{n}{2k} \binom{2k}{k} \quad (7-12)$$

作为定理 7.4 的推论，给出 $r$-一致完全超图在几种特殊情况下的主生成超树的个数如下。

**推论 7.2** 设 $K_n^r$ 是具有 $n$ 个顶点的 $r$-一致完全超图，当 $r$ 的取值分别 $n-1$、$n-2$、$n-3$ 时，有

$$\tau(K_n^{n-1}) = \binom{n}{2}, \ n \geqslant 3 \qquad (7-13)$$

$$\tau(K_n^{n-2}) = 3 \binom{n}{4}, \ n \geqslant 5 \qquad (7-14)$$

$$\tau(K_n^{n-3}) = 10 \binom{n}{6}, \ n \geqslant 7 \qquad (7-15)$$

**证明**　定理 7.2 中的递推公式可以转化为关于 $1-q$ 和 $q$ 齐次多项式的形式 $\sum\limits_{i=0}^{\binom{n}{r}} s_i(K_n^r)(1-q)^i q^{\binom{n}{r}-i}$。根据 $r$-一致完全超图中主生成超树的定义，可以得到以下的结果：

$$\tau(K_n^{n-1}) = s_2(K_n^{n-1}) = \binom{n}{2},\ n \geqslant 3 \tag{7-16}$$

$$\tau(K_n^{n-2}) = s_2(K_n^{n-2}) = \binom{\binom{n}{2}}{2} - \binom{n-1}{2} - (n-1)\binom{n-1}{2} = 3\binom{n}{4},\ n \geqslant 5 \tag{7-17}$$

$$\tau(K_n^{n-3}) = s_2(K_n^{n-3}) = \binom{\binom{n}{3}}{2} - \binom{\binom{n-1}{2}}{2} - \binom{n-1}{2}\binom{n-2}{2} - (n-1)\tau(K_{n-1}^{n-3})$$

$$= 10\binom{n}{6},\ n \geqslant 7 \tag{7-18}$$

从而完成了推论 7.2 的证明。

以类似于定理 7.4 中所述的方式，对于 $\tau(K_{2n}^n)$ 可以证明以下结论。

**定理 7.5**　设 $K_{2n}^n$ 是具有 $2n$ 个顶点的 $n$-一致完全超图，则有

$$\tau(K_{2n}^n) = \binom{\binom{2n}{3}}{3} - \binom{\binom{2n-1}{n}}{3} - \sum_{r=1}^{n-1}\binom{2n-1}{n-1+r} s_2(K_{n+r}^n) \tag{7-19}$$

**注**　由 $s_2(K_{2n}^n) = 0$，可以得到如下等式：

$$\binom{\binom{2n}{n}}{2} - \binom{\binom{2n-1}{n}}{2} = \binom{2n-1}{n} + \frac{1}{2}\sum_{r=1}^{n-1}\binom{2n-1}{n+r-1}\binom{n+r}{2r}\binom{2r}{r} \tag{7-20}$$

# 7.3　Kirkman 问题和 Steiner 系的推广及其可靠度

与更为人熟知的 Hamilton 问题一样，Kirkman 问题也是一个很具有代表性的趣味数学问题。后者也是组合数学的重要分支——组合设计中的重要问题。Steiner 系是组合设计中的重要研究对象，它与 Kirkman 问题有着密切的联系。专著 *Handbook of Combinatorial Designs* 在阐释组合设计的历史时，对此二者有详细的介绍。我国组合数学家陆家羲对组合设计的重要研究工作与它们也联系紧密。本节推广 Steiner 系并对其特性进行了分析，对 Steiner 系及其推广中的几个小规模图类的可靠度进行了实验仿真。

## 7.3.1　Steiner 系概述

Steiner 系是超图中的具有特殊结构的典型超图类，它们是组合设计中的重要研究对象。正整数 $t$，$r$ 满足 $2 \leqslant t \leqslant r \leqslant n$，Steiner 系 $S(t, r, n)$ 是具有 $n$ 个顶点的 $r$-一致超图

$H=(V,E)$ 使得任意一个 $t$ 元子集 $T(T\subseteq V)$ 恰好被包含在 $H$ 的唯一的一条超边 $e(e\in E)$ 中。对于 Steiner 系的基本性质和一些经典结果，可以参考相关文献。例如，完全图 $K_n$ 就是 Steiner 系 $S(2,2,n)$。如果将上述 Steiner 系的定义中的"任意一个 $t$ 元子集 $T(T\subseteq V)$ 恰好被包含在 $H$ 的唯一的一条超边 $e(e\in E)$ 中"替换为"任意一个 $t$ 元子集 $T(T\subseteq V)$ 至多被包含在 $H$ 的一条超边 $e(e\in E)$ 中"，就可以得到部分 Steiner 系的定义。

到目前为止，受到最广泛最深入研究的是 Steiner 三元系（Steiner Triple Systems，STS），即 $t=2$ 且 $k=3$ 时的 Steiner 系。关于 STS 的文献非常丰富。Fano 平面是具有 7 个顶点的 STS 的一个例子，也是 STS 的最简单的一个例子。$t=3$ 且 $k=4$ 时的 Steiner 系是熟知的 Steiner 四元系（Steiner Quadruple Systems，SQS）。当 $t=2$ 时，相应的 Steiner 系通常被称为 Steiner 2-设计（Steiner 2-design），简称为 2-设计（2-design）。

对于 2-设计有：阶数为 $n$ 的 STS 存在当且仅当 $n\equiv 1,3\pmod 6$；$S(2,4,n)$ 存在当且仅当 $n\equiv 1,4\pmod{12}$。

超图理论中的线性空间被定义为每对不同的顶点恰好被包含在一条超边中的超图。在此定义中，如果超图是 $r$-一致的，则相应的线性空间就是 Steiner 2-设计。

### 7.3.2　Steiner 系及其推广可靠度仿真实验

为了找较典型的超图以对其可靠度进行计算，本节中构造了一些超图，可以看作是 Steiner 系的推广。本小节先介绍推广的方法以及一些结果，然后对其中规模较小者的可靠度进行计算。

**定义 7.1**　对于 $n$ 阶的线性超图 $H=(V,E)$，有

$$\sum_{e\in E}\binom{|e|}{2}\leqslant\binom{n}{2} \tag{7-21}$$

如果 $H$ 是 $r$-一致的，则 $H$ 中的超图的边数满足

$$m(H)\leqslant\frac{n(n-1)}{r(r-1)} \tag{7-22}$$

式（7-22）中的界当且仅当 $r$-一致超图 $H$ 是 Steiner 系 $S(2,r,n)$。

在 Steiner 系中，对"一致"的限制过于严格。本节讨论一类特殊的线性空间，可以看作是 2-设计的推广，即超图中超边的基数不是固定值。超图中超边的基数组成一个集合 $X$，记为 $S(2,X,n)$。

**定义 7.2**　设 $H=(V,E)$ 是 $n$ 阶的线性超图，非空集合 $X=\{r\mid 2\leqslant r\leqslant n-1,r\in\mathbf{N}\}$ 且 $|X|=l$，则

$$\sum_{i=1}^{l}m_i\binom{r_i}{2}\leqslant\binom{n}{2} \tag{7-23}$$

其中，$m_i$ 表示超图 $H$ 中所含顶点数为 $r_i$ 的超边的条数，并且有 $\sum_{i=1}^{l}m_i=m(H)$。式（7-23）中的界当且仅当超图 $H$ 是推广的 Steiner 系 $S(2,X,n)$。

由定义 7.2 知，$X=\{2\}$ 且式（7-23）等号成立时，超图 $H$ 即为普通图。具体来说，此

时的超图 $H$ 为完全图 $K_n$。$X=\{3\}$ 且式(7-23)中的等号成立时,超图 $H$ 为一个 STS。若 $X=\{2,3\}$,当 $n\geqslant4$ 时,推广的 Steiner 系 $S(2,\{2,3\},n)$ 存在;其中普通边的条数为 $m_1$,含 3 个顶点的超边的条数为 $m_2$,则满足 $m_1+3m_2=\dbinom{n}{2}$。

对于推广的 Steiner 系 $S(2,X,n)$ 的较一般的情形,当 $X=\{3,4\}$ 且 $n=10$ 时表示为
$$S(2,\{3,4\},10)=\{\{0,1,2,3\},\{0,4,5,6\},\{0,7,8,9\},\{1,4,7\},$$
$$\{1,5,8\},\{1,6,9\},\{2,4,9\},\{2,5,7\}$$
$$\{2,6,8\},\{3,4,8\},\{3,5,9\},\{3,6,7\}\}$$

当 $X=\{3,5\}$ 且 $n=13$ 时表示为
$$S(2,\{3,5\},13)=\{\{0,1,2,3,4\},\{0,5,6,7,8\},\{0,9,10,11,12\},\{1,5,9\},$$
$$\{1,6,10\},\{1,7,11\},\{1,8,12\},\{2,5,10\},\{2,6,11\},$$
$$\{2,7,12\},\{2,8,9\},\{3,6,9\},\{3,7,10\},\{3,8,11\},$$
$$\{3,5,12\},\{4,5,11\},\{4,6,12\},\{4,7,9\},\{4,8,10\}\}$$

当 $X=\{4,5\}$ 且 $n=17$ 时表示为
$$S(2,\{4,5\},17)=\{\{0,1,5,9,13\},\{0,2,6,10,14\},\{0,3,7,11,15\},\{0,4,8,12,16\},$$
$$\{1,2,3,4\},\{5,6,7,8\},\{9,10,11,12\},\{13,14,15,16\},$$
$$\{1,6,11,16\},\{1,7,12,14\},\{1,8,10,15\},\{2,8,11,13\},$$
$$\{2,5,12,15\},\{2,7,9,16\},\{3,5,10,16\},\{3,6,12,13\},$$
$$\{3,8,9,14\},\{4,5,11,14\},\{4,7,10,13\},\{4,6,9,15\}\}$$

设边可靠的概率相等,都为 $p$,并且是否失效是相互独立的。应用 7.2 小节中的算法,Steiner 系 $S(2,3,7)$、$S(2,4,13)$ 和推广的 Steiner 系 $S(2,\{3,4\},10)$ 的可靠度分别为
$$S(2,3,7)=7(1-p)^4p^3+28(1-p)^3p^4+21(1-p)^2p^5+7(1-p)p^6+p^7$$
$$=-6p^7+21p^6-21p^5+7p^3 \tag{7-24}$$
$$S(2,4,13)=13(1-p)^9p^4+117(1-p)^8p^5+702(1-p)^7p^6+$$
$$1248(1-p)^6p^7+1170(1-p)^5p^8+702(1-p)^4p^9+$$
$$286(1-p)^3p^{10}+78(1-p)^2p^{11}+13(1-p)p^{12}+p^{13}$$
$$=-38p^{13}+364p^{12}-1482p^{11}+3328p^{10}-4446p^9+$$
$$3510p^8-1482p^7+234p^6+13p^4 \tag{7-25}$$
$$S(2,\{3,4\},10)=(1-p)^9p^3+27(1-p)^8p^4+252(1-p)^7p^5+$$
$$597(1-p)^6p^6+684(1-p)^5p^7+477(1-p)^4p^8+$$
$$219(1-p)^3p^9+66(1-p)^2p^{10}+12(1-p)p^{11}+p^{12}$$
$$=24p^{11}-186p^{10}+603p^9-1044p^8+1008p^7-$$
$$495p^6+72p^5+18p^4+p^3 \tag{7-26}$$

依据这三个超图的可靠度,它们的数据仿真如图 7.3 所示。由该图可知,$p$ 的取值范围决定其中哪个超图的可靠度最大。

由可靠度的计算结果可知,Steiner 系 $S(2,3,7)$、$S(2,4,13)$ 和推广的 Steiner 系 $S(2,\{3,4\},10)$ 的主生成超树的个数分别为 7、13 和 1。

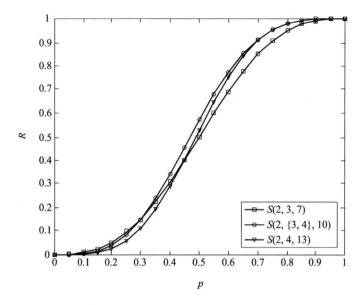

图 7.3 $S(2,3,7)$、$S(2,\{3,4\},10)$ 和 $S(2,4,13)$ 的可靠度比较

### 7.3.3 推广的 Steiner 系的特性

下面以定理的形式给出推广的 Steiner 系 $S(2,X,n)$ 的几个基本属性。

**定理 7.6** 如果 $X=\{2,k\}(3\leqslant k\leqslant n-1)$，则对于任意的 $n\geqslant 4$，推广的 Steiner 系 $S(2,X,n)$ 存在。

**证明** 首先生成一条包含 $k(3\leqslant k\leqslant n-1)$ 个顶点的超边 $e$，将其余的 $n-k$ 个顶点的任意两点间都连一条边，再将超边 $e$ 中的每一个顶点与这 $n-k$ 个顶点都连边，如此得到的非一致超图 $H$，就是推广的 Steiner 系 $S(2,\{2,k\},n)(3\leqslant k\leqslant n-1)$ 中的一个超图，得证。

**定理 7.7** 如果推广的 Steiner 系 $S(2,\{3,4\},n)$ 存在，则 $n$ 最小为 10。

**证明** 设 $H\in S(2,\{3,4\},n)$，且 $H$ 中包含 3 和 4 个顶点的超边的条数分别为 $m_1$ 和 $m_2$。由定义 7.2 有

$$3m_1+6m_2=\binom{n}{2} \tag{7-27}$$

易知，$n\geqslant 5$。

若 $n=5$，则先各取一条包含 3 和 4 个顶点的超边，就会出现非线性的情况。故 $n\neq 5$。

若 $n=6$，式 (7-27) 即为 $3m_1+6m_2=15$，其正整数解为 $(3,1)$ 和 $(1,2)$。对于解 $(3,1)$，各取一条包含 3 和 4 个顶点的超边后，再取一条包含 3 个顶点的超边时，就会出现非线性的情况；对于解 $(1,2)$，先取两条包含 4 个顶点的超边就会出现非线性的情况。故 $n\neq 6$。

若 $n=7$，式 (7-27) 即为 $3m_1+6m_2=21$，其正整数解为 $(1,3)$、$(3,2)$ 和 $(5,1)$。对于解 $(1,3)$ 和 $(3,2)$，先取两条包含 4 个顶点的超边，再在取第三条边时就会出现非线性的情况；对于解 $(5,1)$，先取一条包含 4 个顶点的超边，再在取第三条边时会出现非线性的情况。故 $n\neq 7$。

若 $n=8$，式 (7-27) 即为 $3m_1+6m_2=28$，其无正整数解。故 $n\neq 8$。

若 $n=9$，式（7-27）即为 $3m_1+6m_2=36$，其正整数解为（2，5）、（4，4）、（6，3）、（8，2）和（10，1）。对于解（2，5）、（4，4）和（6，3），先取两条包含 4 个顶点的超边，再在取第三条包含 4 个顶点的超边时就会出现非线性的情况。对于解（10，1），因为 $S(2,3,9)$ 在同构意义下的结构是唯一确定的，所以 $S'=S(2,3,9)-e$ 的同构意义下的结构也是唯一确定的，而从 $S'$ 中再删去一条超边 $e'$ 后所得的超图 $S''=S'-e'$ 在同构意义下的结构只有两种，无论哪种结构，超图 $S''+e^*$（$e^*$ 为一条包含 4 个顶点的超边）都不满足定义 7.2；类似地，对于解（8，2），也不存在 $H\in S(2,\{3,4\},n)$。故 $n\neq 9$。

当 $n=10$ 时，由定理 7.6 知，$S(2,\{3,4\},10)$ 存在。

**定理 7.8** 如果 $X=\{3,k+1\}(k\geq 2)$，则推广的 Steiner 系 $S(2,X,3k+1)$ 存在。

**证明** 设 $V(S)=\{0,1,2,\cdots,3k+1\}$，并将其作一个 4-划分：$\{\{0\},\{1,\cdots,k\}$，$\{k+1,\cdots,2k\},\{2k+1,\cdots,3k\}\}$。可以按如下两步构造出 $S(2,\{3,k+1\},3k+1)(k\geq 2)$：

**步骤 1** 按列依次从小到大生成一个 $k\times 3$ 的带标号的点阵，将编号为 0 的顶点置于其上方。连 3 条超边分别为 $\{0,1,\cdots,k\}$，$\{0,k+1,\cdots,2k\}$，$\{0,2k,\cdots,3k\}$。

**步骤 2** 依次取第 1 列中的顶点与第 2、3 列中的各一个顶点相连。每连 $k$ 条边，第 2、3 列的点的行数模 $k$ 多 1。

依据定理 7.8 证明中的构造推广的 Steiner 系 $S(2,\{3,k+1\},3k+1)$ 的步骤，$S(2,\{3,4\},10)$ 构造如图 7.4 所示，其中位于同一条线上的顶点包含在相应的一条超边中。

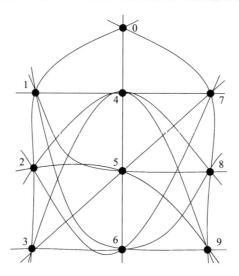

图 7.4 构造 $S(2,\{3,4\},10)$ 的示意图

# 7.4 本 章 小 结

本章首先给出了计算 $r$-一致完全超图的可靠度的递推方法。将所得的递推公式化为标准形式之后，就可以求得 $r$-一致完全超图的连通生成子超图的个数，如主生成超树的个数。由于计算一般超图的可靠度是 NP 难的，该计算方法对研究一些典型超图的可靠度具有一定的借鉴作用。然后介绍了著名的 Kirkman 问题的背景，从而引出在块设计中的重要研究

对象——Steiner 系。从一个新的角度对 Steiner 系进行了推广，计算出了其中几个小规模的 Steiner 系及其推广的可靠度，并给出了一类推广的 Steiner 系的构造方法。

# 参 考 文 献

［1］ BOESCH F T，SATYANARAYANA A，SUFFEL C L. A survey of some network reliability analysis and synthesis results［J］. Networks，2009，54(2)：99 - 107.

［2］ BLENSTOCK D. An algorithm for reliability analysis of planar graphs ［J］. Networks，2010，16(4)：411 - 422.

［3］ COLBOURN C J，DINITZ J H. Handbook of combinatorial designs (second edition) ［M］. Chapman & Hall/CRC，2007.

［4］ 朱安远. 国家自然科学奖一等奖得主中的"另类"—陆家羲［J］. 中国市场，2013(38)：144 - 152.

［5］ LONC Z. Packing，covering and decomposing of a complete uniform hypergraph into delta-systems［J］. Graphs & Combinatorics，1992，8(4)：333 - 341.

［6］ ATAJAN T，INABA H. Network reliability analysis by counting the number of spanning trees ［C］. IEEE International Symposium on Communications & Information Technology，2004：601 - 604.

［7］ BALL M O. Computational complexity of network reliability analysis：an overview ［J］. IEEE Trans Reliab 1986，35(3)：230 - 239.

［8］ GILBERT E N. Random graphs［J］. Ann Math Stat. 1959(30)：1141 - 1144.

［9］ HARTMAN A，PHELPS K T. Steiner quadruple systems contemporary design theory［J］. A Collection of Surveys，2021(89)：199 - 219.

［10］ HOFFMAN D G，LINDNER C C，PHELPS K T. Blocking sets in designs with block size four［J］. European Journal Of Combinatorics，1990(13)：80027.

［11］ LINDNER C C，ROSA A. Topics on steiner systems［J］. Annals of Discrete Math. 7，North Holland，1980(7)：2 - 7.

［12］ WANG J F. On Axioms contituting the foundation of hypergraph theory［J］. Acta Mathematicae Applicatae Sinica，2005，21(3)：495 - 498.

［13］ BEERI C，FAGIN R，MAIER D，et al. On the desirability of acyclic database schemes［J］. Journal of the Acm，1983，30(3)：479 - 513.

［14］ Philippe J，Samba N N. On the notion of cycles in hypergraphs［J］. Discrete Mathematics，2009(309)：6535 - 6543.

［15］ WANG J，TONY T L. Paths and cycles of hypergraphs［J］. Science in China (A)，1999(42)：1 - 12.

# 第八章

# 一定条件下具有最优结构的超网络

前面提出的超网络可靠度的概念源于经典的普通网络可靠度。超网络可靠度是基于一个概率模型的，是指超图 $H$ 的顶点完全可靠、超边以相同的概率 $q=1-p$ 失效时其保持连通的概率。在本章中，主要研究一定条件下最优或最差超图的存在性。

## 8.1 概　述

网络可靠性是电力网络、计算机网络、通信网络、光纤网络等领域深入研究并有着广泛应用的课题，而网络可靠度是其中的基本研究内容。一般来说，网络可靠度是通过与该网络有着相同阶数、规模和链接的图的连通的可能性来衡量的。基于网络可靠度的几乎所有的结果都与可靠网络的分析和综合有关。

在网络的各种可靠度的度量中，最常见的度量是其全终端可靠度。图 $G$ 的全端可靠度 $R(G)$ 是指图 $G$ 的顶点完全可靠，图的边以相等的概率 $p$ 独立存活的情况下保持图 $G$ 连通的概率。可靠性理论中的一个重要问题是计算一个由图 $G$ 表示的复杂系统的全终端可靠度 $R(G)$，另一个定义明确的可靠度设计（也称可靠度综合）的问题是找到使 $R(G)$ 最大或最小的图 $G$。

一种自然的研究方法是将网络的可靠性分析和设计推广到超网络，然而，这种方法的研究结果明显缺乏。已有文献对超图中的树、圈、边连通度进行了定义，并对它们的性质进行了研究，取得了很大的成功。这些工作大多涉及图的相应概念的推广，并与在这里讨论的研究对象——超网络的可靠性有较为密切的关系。把网络的可靠性理论推广到超网络中会遇到一些障碍，但是可以得到一些更一般的结果，甚至有些是完全不同于普通复杂网络的结果。由于每条非平凡的超边至少包含三个顶点，因此没有明显的方法来定义超网络的在顶点失效下的可靠度、2-终端可靠度或 $K$-终端可靠度，这方面的探究有很多的路要走。本章的关于超网络的边失效而顶点不失效下的全终端可靠度的研究也仅仅是超网络可靠度的一个初步的探索。

在本章中呈现了一些与经典网络可靠性理论中的结果平行的在超网络中的结果。包括基于边连通度的超图的局部最优性、连通子超图边数的界以及借助于可靠度系数的子超图的计数。还刻画了在一定约束条件下的最优和最差的超网络。

本章首先给出了与超网络可靠度密切相关的超图的一些定义和基本结果。并介绍了图可靠性理论主要结果的超图推广。接着探讨了一类连通的 2-正则 3-一致超图的可靠度的界，并描述了达到界时的相应的超图。最后试图概述进一步研究的一些可能方向。

## 8.2 最优超网络的特性

设 $H(n,m)$ 具有 $n$ 个顶点和 $m$ 条超边的超图，在所有的顶点都可靠，超边之间是否失效是相互独立的且失效的概率为 $1-p$ 时，则超图 $H(n,m)$ 的全终端可靠度为

$$R(H,p)=\sum_{i=0}^{m} s_i(H) p^i (1-p)^{m-i} \qquad (8-1)$$

其中，$s_i(H)$（简记为 $s_i$）表示为 $H(n,m)$ 的具有 $i$ 条超边的连通生成子超图的个数。

同一个超图 $H(n,m)$ 的不可靠多项式定义为

$$P(H,p)=1-R(H,p)$$
$$=\sum_{i=0}^{m} m_i(H)(1-p)^i p^{m-i} \qquad (8-2)$$

其中，$m_i(H)$（简记为 $m_i$）表示 $H(n,m)$ 中基数为 $i$ 的边割的个数。

由这些定义，可以得到

$$s_i + m_{m-i} = \binom{m}{i} \qquad (8-3)$$

为了更准确地描述由可靠度反映出的相应的超网络 $H$ 具有的某些性质，也为了更深入地理解超网络 $H$ 的可靠多项式，接下来进一步假设超网络 $H$ 的拓扑结构是 $r$-一致超图。得到的结论适用于一般复杂网络。

设超网络 $H$ 的拓扑结构是连通 $r$-一致超图，且具有 $n$ 个顶点和 $m$ 条边。$H$ 的可靠多项式的系数 $s_{\lceil \frac{n-1}{r-1} \rceil}$ 具有重要的意义。

依据可靠多项式，关于多项式的系数，可以得到以下主要结论：

$$s_0(H)=s_1(H)=s_2(H)=\cdots=s_{\lceil \frac{n-1}{r-1} \rceil -1}(H)=0 \qquad (8-4)$$

$$s_{\lceil \frac{n-1}{r-1} \rceil}(H)=|ST_M| \qquad (8-5)$$

$$\sum_{i=\lceil \frac{n-1}{r-1} \rceil}^{m} s_i(H)=\zeta(H) \qquad (8-6)$$

设 $H_1$ 和 $H_2$ 是两个具有相同顶点数和边数的 $r$-一致超图。若 $\lambda(H_1)>\lambda(H_2)$，或同时满足 $\lambda(H_1)=\lambda(H_2)$ 和

$$s_{\lceil \frac{n-1}{r-1} \rceil}(H_1) > s_{\lceil \frac{n-1}{r-1} \rceil}(H_2) \qquad (8-7)$$

则存在 $p_0>0$ 使得对所有 $p(0<p<p_0)$，有 $R(H_1,p)>R(H_2,p)$。

# 8.3　一定条件下最优超网络的构造

## 8.3.1　当 $m \leqslant \left[\dfrac{n-1}{r-1}\right]$ 时，$\Omega_H(n,m)$ 中的一致最优和一致最差超图

对于 $m \leqslant \left[\dfrac{n-1}{r-1}\right]$，根据引理 6.3，超图 $H$ 不连通。本节研究的超图 $H$ 是 $\Omega_H(n,m)$ 中连通的超图。

**定理 8.1**　假设连通的 $r$-一致超图 $H\left(n,\left\lceil\dfrac{n-1}{r-1}\right\rceil\right)$ 的顶点不失效，边以概率 $1-p$ 失效且每条边是否失效是相互独立的，则在超图类 $\Omega_H\left(\left[\dfrac{n-1}{r-1}\right]\right)$ 中，超图 $\Omega_H\left(n,\left[\dfrac{n-1}{r-1}\right]\right)$ 是一致最优的超图，同时也是一致最差的超图。

**证明**　在 $r$-一致超图 $H$ 中，边数为 $\left[\dfrac{n-1}{r-1}\right]$ 的连通的超图是广义超树，其可靠度 $R(H,p)=p^{\left\lceil\frac{n-1}{r-1}\right\rceil}$ 是唯一确定的。

## 8.3.2　一类 2-正则 3-一致超图中的最优和最差超图

在一般的网络可靠度理论中，一个经典的结果是 $C_n$ 为 $\Omega(n,n)$ 中的一致最优图。原因是在 $\Omega(n,n)$ 中只有 $C_n$ 是 2-边连通的。因为一个超边至少可以包含两个顶点，2-边连通的超网络有许多不同的结构。

在这一小节中，考虑一类典型的 2-边连通的 3-一致超网络，它们也是 2-正则的。下面介绍超图中的宽松圈的另一个形式的定义。

**定义 8.1**　一个宽松圈是一个超图，其所有的超边构成的序列 $e_1$，$e_2$，…，$e_n$ 满足 $e_i \bigcap e_{i+1}=\{v_i\}$（$1 \leqslant i \leqslant m$，其中 $e_{k+1}=e_1$ 且所有的 $v_i$ 都是互不相同的），并且不连续的两条超边是不相交的。

一个长度为 6 的 3-一致宽松圈如图 8.1 所示。

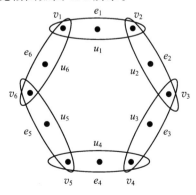

图 8.1　长度为 6 的 3-一致的宽松圈

一个具有 $n$ 个顶点 $m$ 条超边的含有最长宽松圈的 2-正则 3—一致超图通过以下两步构造得到：

**步骤 1**  设 $n=6k$，构造一个具有 $n$ 个顶点和 $3k$ 条超边的 3—一致宽松圈。

**步骤 2**  任选步骤 1 中构造的宽松圈中的 3 个度为 1 的顶点连成一条超边，直到所有的顶点都成为 2 度顶点。

在这种 2-正则 3—一致超图中，因为 $3m=2n$，所以 $m=\dfrac{2}{3}n=4k$。因为该宽松圈的长度为 $3k$ 且 $\left\lceil\dfrac{6k-1}{2}\right\rceil=3k$，由引理 6.3 可知，此宽松圈的长度是最长的。这类超图中的宽松圈之外的 $k$ 条超边是在步骤 2 中生成的。本小节中将这类 2-正则 3—一致的具有最长宽松圈的超图记为 $\Omega_{H\text{-}llc}\left(n,\dfrac{2}{3}n,3\right)$。由构造的过程可知，如果 $H\in\Omega_{H\text{-}llc}\left(n,\dfrac{2}{3}n,3\right)$，则 $H$ 是线性的。

超图类 $\Omega_{H\text{-}llc}\left(n,\dfrac{2}{3}n,3\right)$ 中超图的数目为 $\dfrac{(3k)!}{6^k k!}$。可知对于较大的 $k$ 的取值，该超图类中超图的数量是庞大的。

**例 8.1**  设 $H$ 是 $\Omega_{H\text{-}llc}(12,8,3)$ 中的一个超图，则在同构的意义下，$H$ 只具有三种不同的结构，如图 8.2 所示。

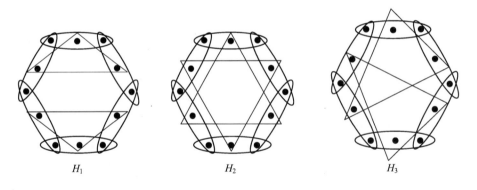

图 8.2  $n=12$ 时的包含最长宽松圈的 2-正则 3—一致超图的不同结构

通过计算可知，它们的全终端可靠度分别为

$$R(H_1,p)=12(1-p)^2p^6+8(1-p)p^7+p^8 \tag{8-8}$$

$$R(H_2,p)=R(H_3,p)=16(1-p)^2p^6+8(1-p)^7+p^8 \tag{8-9}$$

如图 8.3 所示的是图 8.2 中三个超图的数据仿真，结果与理论吻合。

**断言 8.1**  设 $H$ 是一个具有 $n=3k\,(k\geqslant 3)$ 个顶点的连通的 3—一致线性超图。如果 $m=k+1$ 且 $\Delta(H)=2$，则有

$$R(H,p)=4(1-p)p^k+p^{k+1} \tag{8-10}$$

**证明**  依据超图可靠度中标准形式的各项系数的意义，易知 $s_m(H)=1$。

由引理 6.3 知，$m(H)\geqslant\left\lceil\dfrac{2k-1}{2}\right\rceil$。因为 $m=k+1$，所以使得超图 $H\text{-}e$ 是连通的超边 $e$

一定存在。这意味着 $s_{m-1}(H)=s_k(H) \geqslant 1$。接下来,只需确定 $s_k(H)=4$。通过考虑如下两种情形来证明这一结果。

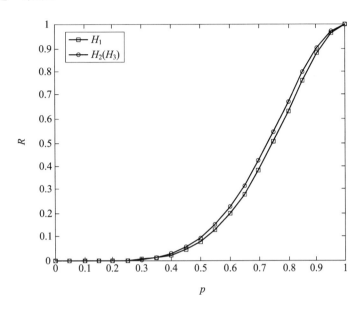

图 8.3 $n=12$ 时的包含最长圈的 2-正则 3-一致超图的可靠度

**情形 1** $H$ 中不含悬挂超边。因为 $\Delta(H)=2$,所以 $H$ 中任意一个顶点 $v$ 的度满足 $d(v)=1$ 或 $d(v)=2$。又因为 $H$ 是具有 $3k$ 个顶点、$k+1$ 条超边的连通的 3-一致线性超图,所以 $H$ 中恰好含一个 1 度点的超边的个数为 $3k-2k-3=k-3$。因此,$s_k(H)=(k+1)-(k-3)=4$。

**情形 2** $H$ 中含悬挂超边。对其利用收缩和删除的操作,直到 $H$ 中不含悬挂超边。假设 $H$ 中的 $l$ 条悬挂超边被收缩之后得到的超图为 $H'$。因为收缩一条悬挂超边意味着要减少一条超边同时减少两个顶点,所以有 $n(H')=2k-2l$ 且 $m(H')=k-l+1$。依据情形 1,结论同样成立。

**定理 8.2** 设 $H \in \Omega_{H\text{-}llc}\left(n, \dfrac{2}{3}n, 3\right)$。假设 $H$ 的所有顶点都是完全可靠的,而超边都以相同的概率 $q=1-p$ 失效且它们之间是否失效是相互独立的,则有

$$\sum_{i=0}^{k}(i+1)2^i\binom{k}{i}(1-p)^i \leqslant R(H,p) \leqslant \sum_{i=0}^{k}4^i\binom{k}{i}p^{4k-i}(1-p)^i \qquad (8-11)$$

其中 $n=6k$,由此 $m=4k$。并且这里的上界和下界都是紧的。

**证明** 由超图 $H$ 的结构并结合式(8-1),可得 $s_0(H)=s_1(H)=s_2(H)=\cdots=s_{3k-1}(H)=0$ 且 $s_{4k}(H)=1$。

更进一步,很容易知道 $\lambda(H)=2$,式(8-2)可得 $m_1(H)=0$。又由式(8-3),有 $s_{4k-1}(H)=m$。

至此,对于 $i=0,1$ 这两种基础情形,结论成立。

下面继续进行定理 8.2 的证明。证明分为两部分:第一部分证明上界成立,第二部分

证明下界成立。同时，描述了可靠度达到相应的界时的超图。

**第一部分**　超图类 $\Omega_{H\text{-}llc}\left(n,\dfrac{2}{3}n,3\right)$ 中的超图可靠度的上界证明。

对于 $i=2,3,\cdots,k$，下面通过对 $i$ 进行归纳来证明不等式(8-11)的右半部分成立。

设 $H\in\Omega_{H\text{-}llc}\left(n,\dfrac{2}{3}n,3\right)$，如果 $i=2$，则 $H$ 的具有 $m-2=4k-2$ 条边的连通的生成子超图的个数至多为 $\dfrac{1}{2}m(m-4)$。因为 $H$ 中的不相邻的超边的对数为 $\dfrac{1}{2}m(m-4)$，所以 $s_{4k-2}(H)\leqslant\dfrac{1}{2}m(m-4)=4^2\dbinom{k}{2}$ 成立，是为初始结论。

假设对于所有的 $i(3\leqslant i\leqslant k-1)$，不等式(8-11)的右半部分均成立。

下面证明当 $i=k$ 时，不等式(8-11)的右半部分也是成立的。即 $H$ 的具有 $m-k=4k-k=3k$ 条边的连通生成子超图的个数至多为 $4^k$。也就是不等式 $s_{3k}(H)\leqslant\dfrac{1}{k!}m(m-4)\cdots4=4^k$ 成立。

因为 $s_{3k}(H)$ 表示从 $H$ 中删去 $k$ 条超边后保持连通的生成子超图的个数。由归纳假设，在删去前条超边时，删去第 $i$ 条超边的可供选择的情形数为 $m-4(i-1)(1\leqslant i\leqslant k-1)$。假设删去第 $k$ 条超边的可供选择的情形数大于 4。然而，因为 $\left[\dfrac{6k-1}{2}\right]=3k$，即 $H$ 的连通的生成子超图最少有 $3k$ 条超边。由定理 8.1 知，如果 $H'\in\Omega(6k,3k+1,3)$，则 $H'$ 的具有 $3k$ 条超边的连通生成子超图的数目为 4。这是一个矛盾，所以假设成立，超图类 $\Omega_{H\text{-}llc}\left(n,\dfrac{2}{3}n,3\right)$ 中的超图的可靠度的上界得证。由证明过程可知，在构造方法的步骤 2 中等间距连接是取得上界的超图。

**第二部分**　超图类 $\Omega_{H\text{-}llc}\left(n,\dfrac{2}{3}n,3\right)$ 中的超图可靠度的下界证明。

依据超图类 $\Omega_{H\text{-}llc}\left(n,\dfrac{2}{3}n,3\right)$ 中超图的结构和超图全终端可靠度的定义，为了最小化超图 $H\in\Omega_{H\text{-}llc}\left(n,\dfrac{2}{3}n,3\right)$ 的可靠度，只需要使得系数 $s_{4k-2}(H)$ 最小。为了达到这个目的，在构造 $H$ 的步骤 2 中加入的 $k$ 条超边要依次包含步骤 1 生成的宽松圈中的连续的 3 个度为 1 的顶点。这样生成的超图 $H$ 的可靠度为

$$R(H)=\sum_{i=0}^{k}(i+1)2^i\binom{k}{i}p^{4k-i}(1-p)^i \tag{8-12}$$

至此，完成了定理 8.2 的证明。

表 8-1 给出了当 $k=1,2,3,4,5,6$,时，具有 $6k$ 条超边具有最长圈的 2-正则 3—一致的可靠度的上下界。

**表 8 - 1** 当 $k=1, 2, 3, 4, 5, 6$ 时，具有 $6k$ 条超边且具有最长圈的 2-正则 3-一致超图的可靠度的上下界

| $k$ | $L_R$（下界） | $U_R$（上界） |
|---|---|---|
| 1 | $4p^3(1-p)+p^4$ | $4p^3(1-p)+p^4$ |
| 2 | $12p^6(1-p)^2+8p^7(1-p)+p^8$ | $16p^6(1-p)^2+8p^7(1-p)+p^8$ |
| 3 | $32p^9(1-p)^3+36p^{10}(1-p)^2+12p^{11}(1-p)+p^{12}$ | $64p^9(1-p)^3+48p^{10}(1-p)^2+12p^{11}(1-p)+p^{12}$ |
| 4 | $80p^{12}(1-p)^4+128p^{13}(1-p)^3+72p^{14}(1-p)^2+16p^{15}(1-p)+p^{16}$ | $256p^{12}(1-p)^4+256p^{13}(1-p)^3+96p^{14}(1-p)^2+16p^{15}(1-p)+p^{16}$ |
| 5 | $192p^{15}(1-p)^5+400p^{16}(1-p)^4+320p^{17}(1-p)^3+120p^{18}(1-p)^2+20p^{19}(1-p)+p^{20}$ | $1024p^{15}(1-p)^5+1280p^{16}(1-p)^4+640p^{17}(1-p)^3+160p^{18}(1-p)^2+20p^{19}(1-p)+p^{20}$ |
| 6 | $448p^{18}(1-p)^6+1152p^{19}(1-p)^5+1200p^{20}(1-p)^4+640p^{21}(1-p)^3+180p^{22}(1-p)^2+24p^{23}(1-p)+p^{24}$ | $4096p^{18}(1-p)^6+6144p^{19}(1-p)^5+3840p^{20}(1-p)^4+1280p^{21}(1-p)^3+240p^{22}(1-p)^2+24p^{23}(1-p)+p^{24}$ |

我们要强调并相信以下结论是正确的。

**猜想** 通过如下的两个步骤得到的超图是超图类 $\Omega_{H\text{-}llc}(6k, 4k, 3)(k \in \mathbf{N}^+)$ 中最优的。

**步骤 1** 设 $n=6k$，构造一个具有 $6k$ 个顶点和 $3k$ 条超边的 3-一致宽松圈。其中的 $3k$ 个度为 1 的顶点依次标记为 $v_1, v_2, \cdots, v_{3k}$。

**步骤 2** 接下来的 $k$ 条超边是通过连接间距为 $k$ 的 3 个度为 1 的顶点生成的，即 $\{v_1, v_{k+1}, v_{2k+1}\}$，$\{v_2, v_{k+2}, v_{2k+2}\}$，$\cdots$，$\{v_k, v_{2k}, v_{3k}\}$。

# 8.4 本章小结

本章的内容是超网络可靠性设计的初步探索。研究发现边数为 $m=\left\lceil\dfrac{n-1}{r-1}\right\rceil$ 的连通 $r$-一致超图是最可靠的，同时也是最不可靠的。本章的重点研究对象是 3-一致超网络的局部最优性。对于一类 2-正则 3-一致超图，我们得到了其可靠度的上界和下界，并描述了取得界时对应的超图。这项工作扩展了（超）网络可靠性的研究范围，也揭示了超图结构相较于图的复杂性。

正因为超图的每一条边至少包含两个顶点，所以超图的结构更加复杂。例如，在图论中，2-正则图的结构是唯一的，即为 $C_n$。而在超图中，即使是 2-正则 3-一致的超图结构都是很难描述的。显然，超图的可靠性设计有许多研究内容，提取新的研究方法是一项更为紧迫的任务。

# 参 考 文 献

[1] WANG J，TONY T L. Paths and cycles of hypergraphs[J]. Science in China（A），1999（42）：1 – 12.

[2] DANKELMANN P，MEIERLING D. Maximally edge-connected hypergraphs[J]. Discrete Math，2016（339）：33 – 38.

[3] 童林肯，单而芳. 超图的限制边连通度与最优限制边连通[J]. 运筹学学报，2020，24（4）：145 – 152.

[4] 崔阳，杨炳儒. 超图在数据挖掘领域的几个应用[J]. 计算机科学，2010，37（6）：220 – 222.

# 第四篇　超图神经网络

超图神经网络在实际应用中具有广泛价值。它在社交网络分析中，可揭示用户行为和社区结构；在生物信息学中，可预测蛋白质功能；在推荐系统中，可提升内容推荐的准确性。此外，超图神经网络还在自动驾驶、VR 等领域发挥重要作用，推动科技进步。本篇主要基于冶忠林、林晶晶等人在超图神经网络、自适应超图神经网络研究的基础上，首先对现有的超图神经网络研究进行分类，解释其原理和应用，然后给出自适应超图神经网络研究的方法和解决方案。

# 第九章

# 超图神经网络

自 2019 年 Feng 等人首次提出超图神经网络(Hypergraph Neural Network,HGNN)以来,DHGCN、DHGNN[a]、HyperGAT、HGC-RNN、HGGAN、MHCN 等模型相继涌现,不断丰富和完善这一领域。尽管超图神经网络起步晚,但其能挖掘数据间的高阶关系,因此吸引了众多研究者深入探索。他们主要致力于优化算法、改进超图结构,推动超图神经网络在多个领域取得显著成果。本章通过综述大量文献,全面回顾了超图神经网络模型的发展历程。然而,由于超图神经网络发展时间尚短,现有模型仍存在诸多不足,具有广阔的改进空间。展望未来,随着研究者的不断加入,这些问题将逐渐得到解决,同时更多优秀模型将被开发,进一步丰富超图神经网络体系,拓展其应用范围和深度。

## 9.1 概 述

卷积神经网络(Convolutional Neural Network,CNN)、循环神经网络(Recurrent Neural Network,RNN)等传统的深度学习模型在图像、音频等任务中取得较好的效果,这取决于它们被具有平移不变性和局部连通性的欧氏数据来表示。CNN 的核心思想是局部连接、参数共享、池化采样和多层使用。CNN 降低了网络模型的复杂度,减少了权值的数量,却未减弱其表达能力。RNN 拥有处理可变长度的序列数据的能力,能够挖掘数据中的时序信息和语义信息。长短期记忆(Long Short-Term Memory,LSTM)是一种采用门控机制改进的 RNN,而门控递归单元(Gated Recurrent Unit,GRU)是 LSTM 的变体,只包含重置门和更新门,简化了 LSTM 的架构。尽管这些传统的深度学习方法能够有效地提取欧氏数据的特征,但许多实际应用场景中还存在一种用图结构表示的非欧氏数据,如社交网络、交通网络、知识图谱和蛋白质网络等。因此,研究者们对深度学习方法在图数据上的扩展越来越感兴趣。

近年来,受卷积神经网络和循环神经网络的启发,研究者们创新地设计了用于处理图数据的深度学习方法,统称为图神经网络(Graph Neural Network,GNN)。由于 GNN 具有丰富的表达能力、灵活的建模能力和端到端的训练能力,广泛地应用于图分析领域,突破性地优化和提高了节点分类、预测、视觉分析和自然语言处理等任务的性能。GNN 可分为循环图神经网络、卷积图神经网络、图自动编码器和时空图神经网络。其中,卷积图神经网络也可称为图卷积神经网络(Graph Convolution Network，GCN)，是最流行和发展最快的图神经网络之一。与 CNN 相比，GCN 需要在图上设计卷积操作来刻画节点的邻域结构。依据卷积操作定义方式的不同，GCN 分为谱域方法和空域方法。谱域方法通过卷积定理在谱域定义卷积操作。空域方法通过聚合函数汇集每个顶点及其邻域节点的方式定义卷积操作。

在现实世界的网络中，虽然图可以很好地刻画对象间的成对关系，但是对象间还存在大量比成对关系更加复杂的非成对关系。如果简单地用图表示对象间的复杂高阶关系，可能会导致信息丢失或信息冗余。例如，多位作者撰写了一篇文章，每位作者视为顶点，若这几位作者中的任何 2 位都非必要直接联系，用图直接将他们两两连接，会产生信息冗余，无法恰当地描述出多人撰写文章的合著关系，使得展示的信息不准确。超图由顶点集和超边集组成，每条超边可以连接多个顶点而非仅 2 个顶点。故超图拥有描述顶点间复杂高阶关系的能力，可用于建模具有高阶相互作用的复杂网络和系统。因此，若用一条超边连接多位合著者，能够更加简洁和准确地刻画出多位作者的合著关系。

近 5 年以来，受 GNN 和超图建模优势的启发，研究者们开始关注如何将图神经网络扩展到超图，设计出基于超图的神经网络，改善具体应用的性能。2019 年，Feng 等人提出第一个超图神经网络，将图卷积神经网络的谱方法很自然地扩展到超图上，并设计了超图卷积操作。同年，Yadati 等人设计 HyperGCN 实现在超图上处理半监督分类问题。随后，陆续地出现大量超图神经网络模型，被充分地运用到计算机视觉、推荐系统、生物化学等领域并取得显著的成绩。超图神经网络已逐渐成为一个新的研究热点。目前，存在多篇经典的综述性文献对于上述提到的卷积神经网络、图神经网络和图卷积神经网络进行全面的归纳和总结，可参考章末相关参考文献。

Gao 等人详细地介绍了超图学习方法，但关于超图神经网络的分类方法、模型分析和应用领域等方面的探讨和总结仍为空白。因此，系统地综述现有超图神经网络模型十分必要，有助于推动超图神经网络今后在更多的领域中发展和应用。

本章全面地梳理了超图神经网络的发展历程，代表性模型及其未来研究方向。根据设计模型采用的方法不同，将超图神经网络分为超图卷积神经网络、超图循环神经网络和超图生成对抗网络。并根据实现卷积的方法细分超图卷积神经网络。重点阐述了每类中的代表性模型，并做分析和比较。同时讨论了超图神经网络未来的研究工作。

## 9.2　超图神经网络研究历程

在过去的几年里，GNN 作为一种强大且实用的工具，推动深度学习在图数据上快速发展。大量研究表明 GNN 在计算机视觉、自然语言处理、交通网络、推荐系统、生物化学、知识图谱等各领域获得成功。GNN 主要处理图数据，但现实网络中还存在超越二元的关系。若用图简单地表示，会丢失对象之间潜在的高阶关系。超图是一种建模复杂关系的灵活工具，包含顶点集和超边集，利用每条超边连接多个顶点表示潜在的高阶关系。

近年来，超图神经网络吸引了众多研究者，探究如何在超图上设计神经网络，以及如何将其应用于各个领域。借鉴图神经网络中的卷积运算、注意力机制、生成对抗等技术，超图神经网络迅速发展。研究者们在超图上开发出超图卷积、超图注意力和超图生成对抗网络等，相继地涌现出大量的超图神经网络模型。

　　超图神经网络建模的超图结构从无向超图扩展到有向超图，从静态超图结构拓展到动态超图结构。分别设计出有向超图神经网络，如有向超图卷积神经网络（Directed Hypergraph Convolutional Network，DHGCN）和有向超图神经网络（Directed Hypergraph Network，DHN）；以及动态超图神经网络，如 DHGNN[a]（Dynamic Hypergraph Neural Network）、自适应超图神经网络（Adaptive Hypergraph Neural Network，AdaHGNN）和自适应超图卷积网络（Adaptive Hypergraph Convolutional Network，AHGCN）。其次，超图神经网络的消息传递方式从单纯的超图卷积到引入注意力机制、循环神经网络和生成对抗网络，再到组合它们，设计出基于注意力机制的超图神经网络，如 Hyper-SAGN、超图注意力网络 HAN 和 HyperGAT；超图卷积循环神经网络（Hypergraph Convolutional Recurrent Neural Network，HGC-RNN）；及超图生成对抗网络（Hypergraph Generative Adversarial Network，HGGAN）和多模态表示学习与对抗超图融合（Multimodal Representation Learning and Adversarial Hypergraph Fusion，MRL-AHF）框架。再次，超图神经网络的维度从单通道超图卷积到多通道超图卷积，设计出双通道和多通道超图神经网络，如双通道超图协同滤波（Dual channel Hypergraph Collaborative Filtering，DHCF）、双通道超图卷积网络（Dual channel Hypergraph Convolutional Network，DHCN）和多通道超图卷积网络（Multi-channel Hypergraph Convolutional Network，MHCN）。最后，超图神经网络的应用从最初的引文网络分类任务到推荐系统、自然语言处理、股票和交通预测等任务，设计出多种适用于各领域下游任务的超图神经网络，如信号超图卷积网络（Signed Hypergraph Convolutional Network，SHCN）、2HR-DR、时空超图卷积网络（Spatiotemporal Hypergraph Convolution Network，STHGCN）和地理-语义-时间超图卷积网络（Geographic-semantic-Temporal Hypergraph Convolutional Network，GST-HCN）。

# 9.3　超图神经网络相关概念

　　本节中，给出了本篇涉及的定义及常见符号的含义，有助于理解相关公式。

**1. 符号描述**

本篇用到的符号及其含义如表 9-1 所示。

表 9-1　符号描述

| 符号 | 含义 |
| --- | --- |
| G | 超图 |
| $G_D$ | 有向超图 |
| $\boldsymbol{H}_G$ | 超图的关联矩阵 |

| 符号 | 含义 |
|---|---|
| $\boldsymbol{H}_{G_D}$ | 有向超图的关联矩阵 |
| $\boldsymbol{H}_{G_D}^{\text{head}}$ | 有向超图头关联矩阵 |
| $\boldsymbol{H}_{G_D}^{\text{tail}}$ | 有向超图尾关联矩阵 |
| $\boldsymbol{X}_G$ | 顶点的输入特征矩阵 |
| $x_i$ | 顶点 $i$ 的特征 |
| $L(G)$ | 超图 $G$ 的线图 |
| $\boldsymbol{A}_{L(G)}$ | $G$ 的线图 $L(G)$ 的邻接矩阵 |
| $\boldsymbol{L}_G$ | $G$ 的拉普拉斯矩阵 |
| $\boldsymbol{L}_{G_D}$ | $G_D$ 的拉普拉斯矩阵 |
| $\boldsymbol{I}$ | 单位矩阵 |
| $\odot$ | 哈达码乘积 |
| $\sigma,\sigma_{\text{att}}$ | 激活函数 |

**2. 图的相关概念**

$G=(V_G,E_G,W_G)$ 是一个图，其中 $V_G$ 是顶点的集合，$E_G$ 是边的集合，$W_G$ 是边的权重矩阵。$|V_G|=N_G$ 和 $|E_G|=M_G$，$N_G\in\mathbf{R}$，$M_G\in\mathbf{R}$ 分别表示图中顶点和边的数目。若令 $v_G^i$ 和 $v_G^j$ 是 $G$ 中的顶点，则 $e_{ij}=(v_G^i,v_G^j)\in E_G$ 代表 $G$ 中连接 $v_G^i$ 和 $v_G^j$ 的一条边。图的邻接矩阵 $A\in\mathbf{R}^{N_G\times N_G}$ 定义为

$$a_{ij}=\begin{cases}1, & e_{ij}\in E_i\\0, & e_{ij}\notin E_i\end{cases} \tag{9-1}$$

其中 $a_{ij}$ 表示 $A$ 中的元素，$i,j=1,2,\cdots,N_G$。

**3. 超图的相关概念**

$G=(V_G,E_G,W_G)$ 代表一个超图，$V_G$ 是顶点集，$E_G$ 是超边集，$W_G$ 是超边的权重矩阵。$G$ 包含 $|V_G|=N_G$ 个顶点和 $|E_G|=M_G$ 条超边。若令 $v_G^i$ 是顶点，则超边 $e_G^i=\{v_G^{m_e^i},\cdots,v_G^{n_e^i}\}$，其中 $1\leqslant m_e^i\leqslant N_G$，$1\leqslant n_e^i\leqslant N_G$。

通常情况下，超图用关联矩阵 $\boldsymbol{H}_G\in\mathbf{R}^{N_G\times M_G}$ 表示，定义为

$$h_{ij}=h(v_g^i,e_g^j)=\begin{cases}1, & v_g^i\in e_g^j\\0, & v_g^i\notin e_g^j\end{cases} \tag{9-2}$$

其中 $h_{ij}$ 是 $\boldsymbol{H}_G$ 的元素，$i=1,2,\cdots,N_G$，$j=1,2,\cdots,M_G$。

若 $v_G^i\in V_G$，节点的度指包含 $v_G^i$ 的超边的数目，记为

$$d(v_G^i)=\sum_{e_G\in E_G}h(v_G^i,e_G)\boldsymbol{W}_G(e_G) \tag{9-3}$$

若 $e_G^i\in E_G$，超边的度指超边 $e_G^j$ 中包含的顶点的数目，记为

$$d(e_G^j) = \sum_{v_G^i \in V_G} h(v_G^i, e_G^j) \qquad (9-4)$$

事实上，图是超图的一个特例，当超图中的每条超边只包含 2 个顶点时，超图就退化为一个普通图。图 9.1(a)是一个普通图，每条边连接 2 个顶点，图 9.1(b)是一个超图，每条超边连接 3 个或 4 个顶点。当图 9.1(b)中的每条超边只连接 2 个顶点时，超图就退化为一个图，即图 9.1(c)和 9.1(d)。

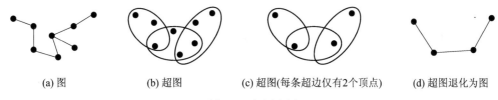

(a) 图　　　　　　(b) 超图　　　　(c) 超图(每条超边仅有2个顶点)　　(d) 超图退化为图

图 9.1　超图和图

#### 4. 有向超图的相关概念

$G_D = (V_{G_D}, E_{G_D}, W_{G_D})$ 代表一个有向超图，$V_{G_D}$ 是顶点集，$E_{G_D}$ 是超弧集，$W_{G_D}$ 是超弧的权重矩阵。$|V_{G_D}| = N_{G_D}$ 和 $|E_{G_D}| = M_{G_D}$ 分别表示顶点和超弧的个数。每条超弧 $\vec{e}_i = (\vec{e}_i^{\,\mathrm{tail}}, \vec{e}_i^{\,\mathrm{head}}) \in E_{G_D}$，其中 $\vec{e}_i^{\,\mathrm{head}} \in V_{G_D}$ 表示超弧 $\vec{e}_i$ 的弧头，$\vec{e}_i^{\,\mathrm{tail}} \in V_{G_D}$ 表示超弧 $\vec{e}_i$ 的弧尾，且 $\vec{e}_i^{\,\mathrm{tail}} \cap \vec{e}_i^{\,\mathrm{head}} = \varnothing$，$\vec{e}_i^{\,\mathrm{tail}} \neq \varnothing$，$\vec{e}_i^{\,\mathrm{head}} \neq \varnothing$。

# 9.4　超图神经网络模型

在本节中，梳理出一种超图神经网络的分类，依据设计模型采用的方法不同，将现有超图神经网络模型划分为超图卷积神经网络、超图循环神经网络和超图生成对抗网络，主要介绍每类中的代表性模型。

## 9.4.1　超图卷积神经网络

超图卷积神经网络本质上是将图卷积神经网络 GCN 显式或隐式地扩展得到超图上，又或者引入注意力机制，设计出适用于超图上的卷积操作。根据设计卷积算子的策略不同，将超图卷积神经网络进一步细分为基于谱域的超图卷积神经网络、基于普通图的超图神经网络和基于注意力机制的超图神经网络。

#### 1. 基于谱域的超图卷积神经网络

基于谱域的超图卷积神经网络是利用图信号和超图谱理论，巧妙地借助傅里叶变换和小波变换，将 GCN 隐式地扩展到超图上。此处根据超图结构是否有向、是否动态将基于谱域的超图卷积神经网络细分为无向超图神经网络、有向超图神经网络和动态超图神经网络。

首先回顾一下谱域的图卷积神经网络，可以帮助读者更好地理解基于谱域的超图卷积神经网络的演化。Spectral CNN 是最早利用卷积定理在图上设计谱卷积算子，但它的计算复杂度高。为解决这一问题，ChebyNet 采用 $K$ 阶切比雪夫多项式近似卷积核，此时图卷积算子仅依赖于顶点的 $K$ 阶邻居。Kipf 等人继续简化参数，提出只考虑 1 阶邻居的图卷积网络 GCN，提升了图上半监督学习的性能。GCN 的卷积层定义如下：

$$\boldsymbol{H}^{(l+1)} = \sigma(\widetilde{\boldsymbol{D}}^{-\frac{1}{2}} \widetilde{\boldsymbol{A}} \widetilde{\boldsymbol{D}}^{-\frac{1}{2}} \boldsymbol{H}^{(l)} \boldsymbol{\Theta}_G^{(l)}) \tag{9-5}$$

其中 $\widetilde{\boldsymbol{A}} = \boldsymbol{A} + \boldsymbol{I}$，$\widetilde{\boldsymbol{D}}$ 是 $\widetilde{\boldsymbol{A}}$ 的度矩阵。若令 $\boldsymbol{S}_G = \widetilde{\boldsymbol{D}}^{-\frac{1}{2}} \widetilde{\boldsymbol{A}} \widetilde{\boldsymbol{D}}^{-\frac{1}{2}}$，则式(9-5)可以重写为

$$\boldsymbol{H}^{(l+1)} = \sigma(\boldsymbol{S}_G \boldsymbol{H}^{(l)} \boldsymbol{\Theta}_G^{(l)}) \tag{9-6}$$

其中 $\boldsymbol{H}^{(l)}$ 和 $\boldsymbol{H}^{(l+1)}$ 分别是第 $l$ 和 $l+1$ 层顶点的隐层表示，$\boldsymbol{\Theta}_G^{(l)}$ 是参数矩阵。

1）无向超图神经网络

通常情况下超图都是无向超图，即超边不具有方向性，此处主要介绍以无向超图为拓扑结构的超图的神经网络模型。

（1）HGNN。

利用超图建模数据间的高阶关系，充分地考虑了对象间的高阶关系和多模态特性。为更好地理解 HGNN 定义的卷积，首先要理解超图的拉普拉斯矩阵。Zhou 等人定义了超图拉普拉斯矩阵，$\boldsymbol{L}_G = \boldsymbol{I} - \boldsymbol{D}_{V_G}^{-\frac{1}{2}} \boldsymbol{H}_G \boldsymbol{W}_G \boldsymbol{D}_{E_G}^{-1} \boldsymbol{H}_G^{\mathrm{T}} \boldsymbol{D}_{V_G}^{-\frac{1}{2}}$。其特征分解为 $\boldsymbol{L}_G = \boldsymbol{U}_G \boldsymbol{\Lambda} \boldsymbol{U}_G^{\mathrm{T}}$，其中 $\boldsymbol{\Lambda}$ 是特征值的对角矩阵，$\boldsymbol{U}_G$ 是特征向量矩阵。依据超图的拉普拉斯矩阵的定义，将 GCN 类比到超图上，设计出超图卷积算子。

对于超图上的信号 $x$，首先将 $x$ 经过傅里叶变换从空域转换到谱域，其次在谱域上执行卷积操作，然后利用傅里叶逆变换将卷积结果从谱域转换到空域。因此，通过傅里叶变换和逆变换，信号 $x$ 与滤波器 $g$ 的谱卷积可定义为

$$g * x = \boldsymbol{U}_G((\boldsymbol{U}_G^{\mathrm{T}}) \odot (\boldsymbol{U}_G^{\mathrm{T}} x)) = \boldsymbol{U}_G g(\boldsymbol{\Lambda}) \boldsymbol{U}_G^{\mathrm{T}} x \tag{9-7}$$

其中 $g(\boldsymbol{\Lambda})$ 是傅里叶系数的函数。

由于傅里叶变换和逆变换的计算成本高，采用截断 ChebyShev 展开式作为其近似多项式，谱卷积被重新定义为

$$g * x \approx \sum_{k=1}^{K} \theta_k T_k(\hat{\boldsymbol{L}}_G) x \tag{9-8}$$

其中 $T_k(y) = 2y T_{(k-1)}(y) - T_{(k-2)}(y)$ 代表 ChebyShev 多项式，$T_k(\hat{\boldsymbol{L}}_G)$ 是变量为拉普拉斯算子 $\hat{\boldsymbol{L}}_G = \dfrac{2}{\lambda_{G\max}} \boldsymbol{L}_G - \boldsymbol{I}$ 的截断 ChebyShev。

若令 $K=1$ 且 $\lambda_{G\max}=2$，降低阶数和减少计算的卷积定义为

$$g * x \approx \theta_0 x - \theta_1 \boldsymbol{D}_{V_G}^{-\frac{1}{2}} \boldsymbol{H}_G \boldsymbol{W}_G \boldsymbol{D}_{E_G}^{-1} \boldsymbol{H}_G^{\mathrm{T}} \boldsymbol{D}_{V_G}^{-\frac{1}{2}} x \tag{9-9}$$

其中 $\theta_0$ 和 $\theta_1$ 是参数。若用式(9-10)中的 $\theta$ 表示 $\theta_0$ 和 $\theta_1$ 来进一步约束参数数量：

$$\begin{cases} \theta_0 = -\dfrac{1}{2}\theta \boldsymbol{D}_{V_G}^{-\frac{1}{2}} \boldsymbol{H}_G \boldsymbol{W}_G \boldsymbol{D}_{E_G}^{-1} \boldsymbol{H}_G^{\mathrm{T}} \boldsymbol{D}_{V_G}^{-\frac{1}{2}} \\ \theta_1 = -\dfrac{1}{2}\theta \end{cases} \tag{9-10}$$

则式(9-10)代入式(9-9)得到 1 阶卷积为

$$g * x \approx \theta \boldsymbol{D}_{V_G}^{-\frac{1}{2}} \boldsymbol{H}_G \boldsymbol{W}_G \boldsymbol{D}_{E_G}^{-1} \boldsymbol{H}_G^{\mathrm{T}} \boldsymbol{D}_{V_G}^{-\frac{1}{2}} x \tag{9-11}$$

最终，采用矩阵形式表示 HGNN 的超图卷积层定义为

$$\boldsymbol{Q}_G^{(l+1)} = \sigma(\boldsymbol{D}_{V_G}^{-\frac{1}{2}} \boldsymbol{H}_G \boldsymbol{W}_G \boldsymbol{D}_{E_G}^{-1} \boldsymbol{H}_G^{\mathrm{T}} \boldsymbol{D}_{V_G}^{-\frac{1}{2}} \boldsymbol{Q}_G^{(l)} \boldsymbol{\Theta}_G^{(l)}) \tag{9-12}$$

其中 $\boldsymbol{Q}_G^{(l)}$ 和 $\boldsymbol{Q}_G^{(l+1)}$ 分别是第 $l$ 和 $l+1$ 层顶点的隐层表示。若令 $\boldsymbol{P}_G = \boldsymbol{D}_{V_G}^{-\frac{1}{2}} \boldsymbol{H}_G \boldsymbol{W}_G \boldsymbol{D}_{E_G}^{-1} \boldsymbol{H}_G^{\mathsf{T}} \boldsymbol{D}_{V_G}^{-\frac{1}{2}}$，则式(9-12)可重写为

$$\boldsymbol{Q}_G^{(l+1)} = \sigma(\boldsymbol{P}_G \boldsymbol{Q}_G^{(l)} \boldsymbol{\Theta}_G^{(l)}) \qquad (9-13)$$

从式(9-6)和(9-13)可以发现 GCN 和 HGNN 的卷积计算形式很相似，都是矩阵相乘，只是两者描述数据关系所使用的建模工具不同，分别是图和超图，用 $S_G$ 和 $P_G$ 表示。与传统的超图学习方法相比，HGNN 未使用超图拉普拉斯矩阵的逆运算，节约了计算成本。

（2）行归一化超图卷积层。

超图卷积的另一种形式，行归一化超图卷积层，定义为

$$\boldsymbol{Q}_G^{(l+1)} = \sigma(\boldsymbol{D}_{V_G}^{-1} \boldsymbol{H}_G \boldsymbol{W}_G \boldsymbol{D}_{E_G}^{-1} \boldsymbol{H}_G^{\mathsf{T}} \boldsymbol{Q}_G^{(l)} \boldsymbol{\Theta}_G^{(l)}) \qquad (9-14)$$

（3）多重神经网络 MultiHGNN。

Huang 等人提出多超图神经网络（Multi-hypergraph Neural Network，MultiHGNN）学习具有多模态特性的数据，用超图建模每种模态，分别在每个超图上执行卷积操作，采用均值方法生成顶点的最终表示；而 HGNN 在拼接所有模态对应的超图后，执行卷积操作得到顶点的最终表示。HGNN 与 MultiHGNN 的具体框架比较如图 9.2 所示。

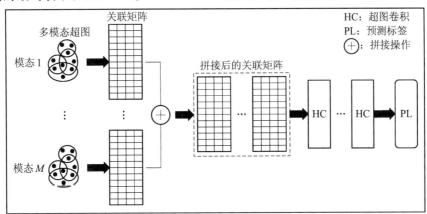

(a) HGNN

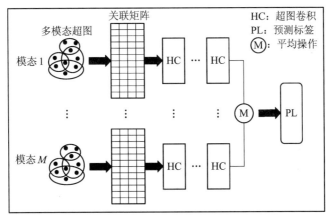

(b) MultiHGNN

图 9.2 HGNN 与 MultiHGNN 的区别

（4）HplapGCN。

Ma 等人将超图拉普拉斯 $\boldsymbol{L}_G$ 推广到超图 $p$-拉普拉斯 $\boldsymbol{L}_{pG}$。鉴于超图 $p$-拉普拉斯能够保存超图概率分布的几何特性，Fu 等人专门为超图 $p$-拉普拉斯设计了超图 $p$-拉普拉斯图卷积网络（Hypergraph p-Laplacian Graph Convolutional Network，HpLapGCN）。HpLapGCN 的卷积层定义为

$$\boldsymbol{Q}_{L_{pG}}^{(l+1)} = \sigma(\boldsymbol{H}_{L_{pG}}\boldsymbol{Q}_{L_{pG}}^{(l)}\boldsymbol{\Theta}_{L_{pG}}^{(l)}) \tag{9-15}$$

其中 $\boldsymbol{H}_{L_{pG}} = \dfrac{2}{\lambda_{L_{pG\max}}}\boldsymbol{L}_{pG} - \boldsymbol{I}$，$\lambda_{L_{pg\max}}$ 是 $\boldsymbol{L}_{pG}$ 的最大特征值，$\boldsymbol{\Theta}_{L_{pG}}^{(l)}$ 是权重参数。

（5）HWNN。

为避免耗时的拉普拉斯分解，Sun 等人采用多项式近似的小波变换代替傅里叶变换，设计出适用于异构超图的超图小波神经网络（Hypergraph Wavelet Neural Network，HWNN）。用小波变换替换式（9-7）中的傅里叶变换，可得到基于小波变换的超图卷积定义：

$$g * x = \psi_s^G(((\psi_s^G)^{-1}g)\odot((\psi_s^G)^{-1}x)) \dot{=} \psi_s^G\boldsymbol{\Lambda}_\beta^G(\psi_s^G)^{-1}x \tag{9-16}$$

其中 $\psi_s^G = \boldsymbol{U}_G\boldsymbol{\Lambda}_s^G\boldsymbol{U}_G^{\mathrm{T}}$ 是缩放参数为 $-s$ 的小波基的集合，$\boldsymbol{\Lambda}_s^G = \mathrm{diag}(\mathrm{e}^{-\lambda_G^0 s}, \mathrm{e}^{-\lambda_G^1 s}, \cdots,$ $\mathrm{e}^{-\lambda_G^{(N_G-1)}s})$ 是热核矩阵且 $\lambda_G^0 \leqslant \lambda_G^1 \leqslant \cdots \leqslant \lambda_G^{(N_G-1)}$ 是超图拉普拉斯矩阵的特征值。

根据 Stone-Weierstrass 定理得到小波变换及其逆变换的近似多项式 $(\psi_s^G)^{-1} \approx (\overline{\boldsymbol{\Theta}}_{\mathrm{sum}}^G)' = \sum_{k=0}^{K'}\bar{\theta}_k'(\overline{\boldsymbol{\Theta}}^G)^k$ 和 $\psi_s^G \approx \overline{\boldsymbol{\Theta}}_{\mathrm{sum}}^G = \sum_{k=0}^{K}\bar{\theta}_k(\overline{\boldsymbol{\Theta}}^G)^k$，$\boldsymbol{L}_G$ 是 $\overline{\boldsymbol{\Theta}}^G$ 的 1 阶多项式。这 2 个近似多项式避免了 HGNN 中的拉普拉斯分解操作。将它们代入式（9-16）后，基于小波变换的超图卷积被重新定义为

$$g * x = \overline{\boldsymbol{\Theta}}_{\mathrm{sum}}^G\boldsymbol{\Lambda}_\beta^G(\overline{\boldsymbol{\Theta}}_{\mathrm{sum}}^G)'x \tag{9-17}$$

最终的 HWNN 的卷积层定义为

$$\boldsymbol{Q}_G^{(l+1)} = \sigma(\overline{\boldsymbol{\Theta}}_{\mathrm{sum}}^G\boldsymbol{\Lambda}_\psi^{(l)}(\overline{\boldsymbol{\Theta}}_{\mathrm{sum}}^G)'\boldsymbol{Q}_G^{(l)}\boldsymbol{W}_\psi^{(l)}) \tag{9-18}$$

其中 $\boldsymbol{W}_\psi^{(l)}$ 是特征投影矩阵，$\boldsymbol{\Lambda}_\psi^{(l)}$ 是滤波器。HGNN 中的傅里叶变换和 HWNN 中的小波变换的详细描述如表 9-2 所示。

**表 9-2　傅里叶变换和小波变换**

| 傅里叶变换 | 傅里叶逆变换 | 小波变换及其近似多项式 | 小波逆变换及其近似多项式 |
|---|---|---|---|
| $\boldsymbol{U}_G^{\mathrm{T}}$ | $\boldsymbol{U}_G$ | $(\psi_s^G)^{-1} \approx (\overline{\boldsymbol{\Theta}}_{\mathrm{sum}}^G)' = \sum_{k=0}^{K'}\bar{\theta}_k'(\overline{\boldsymbol{\Theta}}^G)^k$ | $\psi_s^G \approx \overline{\boldsymbol{\Theta}}_{\mathrm{sum}}^G = \sum_{k=1}^{K}\bar{\theta}_k(\overline{\boldsymbol{\Theta}}^G)^k$ |

（6）HGWNN。

HGWNN 是另一种引用小波的超图，即小波神经网络（Hypergraph Wavelet Neural Network，HGWNN），直接采用截断切比雪夫多项式近似小波系数。它的卷积层定义为

$$\boldsymbol{Q}_G^{(l+1)} = \sigma\left(\frac{1}{2}c_{s_l,0}\boldsymbol{I} + \sum_{k=1}^{K}c_{s_l,k}T_k(\hat{\boldsymbol{L}}_G)\right)\boldsymbol{Q}_G^{(l)}\boldsymbol{\Theta}_{c_s} \tag{9-19}$$

除此之外，HNHN 是一种对顶点和超边加入非线性激活函数和归一化操作的超图卷

积网络。超图卷积过程包含归一化节点、更新超边、归一化超边和更新节点 4 个阶段。双超图卷积网络(Dual Hypergraph Convolutional Network，DualHGCN)通过 2 个同构超图建模多重二分网络，根据二分网络的特性设计消息内和消息间的传递策略，促进信息共享。Wu 等人提出用于属性图学习的双视图超图神经网络(Dual-view Hypergraph Neural Network，DHGNN[b])，采用属性超图和结构超图，分别表示顶点的属性和拓扑结构，再送入共享超边卷积层、特定超边卷积层和注意力层，生成顶点的最终表示。

从上述可知，无向超图卷积神经网络都是以谱理论为基础，通过傅里叶变换或小波变换实现超图卷积，同时也可加入非线性变换、归一化操作、无监督等增强学习能力。

2) 有向超图神经网络

有向超图是一种特殊的超图，有向超边携带重要的方向信息，此处主要介绍以有向超图为拓扑结构的神经网络模型。

(1) 基于有向超图拉普拉斯的超图神经网络。

Tran 等人提出基于有向超图拉普拉斯算子的有向超图神经网络，应用于有向超图的半监督学习。首先用 $\boldsymbol{H}_{G_D}^{\text{head}}$ 和 $\boldsymbol{H}_{G_D}^{\text{tail}}$ 表示有向超图

$$\vec{h}_{ij}^{\text{head}} = \vec{h}(v_{G_D}^i, \vec{e}_j^{\text{head}}) = \begin{cases} 1, & v_{G_D}^i \in \vec{e}_j^{\text{head}} \\ 0, & v_{G_D}^i \notin \vec{e}_j^{\text{head}} \end{cases} \tag{9-20}$$

$$\vec{h}_{ij}^{\text{tail}} = \vec{h}(v_{G_D}^i, \vec{e}_j^{\text{tail}}) = \begin{cases} 1, & v_{G_D}^i \in \vec{e}_j^{\text{tail}} \\ 0, & v_{G_D}^i \notin \vec{e}_j^{\text{tail}} \end{cases} \tag{9-21}$$

其中 $\vec{h}_{ij}^{\text{head}}$，$\vec{h}_{ij}^{\text{tail}}$ 分别是 $\boldsymbol{H}_{G_D}^{\text{head}}$ 和 $\boldsymbol{H}_{G_D}^{\text{tail}}$ 的元素，$i=1, 2, \cdots, N_G$，$j=1, 2, \cdots, M_G$。

有向超图拉普拉斯算子 $L_{G_D}$ 定义为

$$\boldsymbol{L}_{G_D} = \boldsymbol{I} - \left( \frac{\boldsymbol{S}^{1/2} \boldsymbol{D}_V^{\text{tail}^{-1}} \boldsymbol{H}_{G_D}^{\text{tail}} \boldsymbol{W}_{G_D} \boldsymbol{D}_{\vec{e}}^{\text{head}^{-1}} \boldsymbol{H}_{G_D}^{\text{head}^\top} \boldsymbol{S}^{-1/2}}{2} + \frac{\boldsymbol{S}^{-1/2} (\boldsymbol{D}_V^{\text{tail}^{-1}} \boldsymbol{H}_{G_D}^{\text{tail}} \boldsymbol{W}_{G_D} \boldsymbol{D}_{\vec{e}}^{\text{head}^{-1}} \boldsymbol{H}_{G_D}^{\text{head}^\top})^\top \boldsymbol{S}^{1/2}}{2} \right) \tag{9-22}$$

基于此，有向超图卷积层被定义为

$$\boldsymbol{Q}_{G_D}^{(l+1)} = \sigma \left( \left( \frac{\boldsymbol{S}^{1/2} \boldsymbol{D}_V^{\text{tail}^{-1}} \boldsymbol{H}_{G_D}^{\text{tail}} \boldsymbol{W}_{G_D} \boldsymbol{D}_{\vec{e}}^{\text{head}^{-1}} \boldsymbol{H}_{G_D}^{\text{head}^\top} \boldsymbol{S}^{-1/2}}{2} + \right. \right.$$
$$\left. \left. \frac{\boldsymbol{S}^{-1/2} (\boldsymbol{D}_V^{\text{tail}^{-1}} \boldsymbol{H}_{G_D}^{\text{tail}} \boldsymbol{W}_{G_D} \boldsymbol{D}_{\vec{e}}^{\text{head}^{-1}} \boldsymbol{H}_{G_D}^{\text{head}^\top})^\top \boldsymbol{S}^{1/2}}{2} \right) \boldsymbol{Q}_{G_D}^{(l)} \boldsymbol{\Theta}_{G_D}^{(l)} \right) \tag{9-23}$$

其中 $\boldsymbol{D}_{\vec{e}}^{\text{head}}$ 表示超弧的头度矩阵，$\boldsymbol{D}_V^{\text{tail}}$ 表示顶点的尾度矩阵，$\boldsymbol{S}$ 是对角矩阵，$\boldsymbol{\Theta}_{G_D}^{(l)}$ 表示第 $l$ 层可学习的参数矩阵，$\boldsymbol{Q}_{G_D}^{(l)}$ 和 $\boldsymbol{Q}_{G_D}^{(l+1)}$ 是第 $l$ 和 $l+1$ 层顶点的隐层表示。

(2) DHGCN。

在超图卷积运算中融入方向信息，DHGCN 的卷积层定义为

$$\boldsymbol{Q}_{G_D}^{(l+1)} = \boldsymbol{D}_V^{\text{tail}^{-1}} \boldsymbol{H}_{G_D}^{\text{tail}} \boldsymbol{W}_{G_D} \boldsymbol{D}_{\vec{e}}^{\text{head}^{-1}} \boldsymbol{H}_{G_D}^{\text{head}^\top} \boldsymbol{Q}_{G_D}^{(l)} \boldsymbol{\Theta}_{G_D}^{(l)} \tag{9-24}$$

（3）DHConv。

有向超图卷积（Directed Hypergraph Convolution，DHConv）包含顶点聚合和有向超边聚合 2 个阶段。DHConv 中有向超图的关联矩阵 $\bar{\boldsymbol{H}}_{G_D} \in \mathbf{R}^{N_{G_D} \times M_{G_D}}$ 定义为

$$\vec{h}_{ij} = \vec{h}(v_{G_D}^i, \vec{e}_j) = \begin{cases} 1, & v_{G_D}^i \in V_{G_D}^{\text{head}} \\ -1, & v_{G_D}^i \in V_{G_D}^{\text{tail}} \\ 0, & \text{其他} \end{cases} \quad (9-25)$$

其中 $V_{G_D}^{\text{head}} \in V_{G_D}$ 表示头顶点集，$V_{G_D}^{\text{tail}} \in V_{G_D}$ 表示尾顶点集。用 $\bar{\boldsymbol{H}}_{\text{head}} = \max(\bar{\boldsymbol{H}}_{G_D}, 0)$ 和 $\bar{\boldsymbol{H}}_{\text{tail}} = -\min(\bar{\boldsymbol{H}}_{G_D}, 0)$ 将 $\boldsymbol{H}_{G_D}$ 划分为 2 个关联矩阵，DHConv 定义为

$$\boldsymbol{Q}_{G_D} = \sum_{k=0}^{K-1} f_{\text{HT}}^k(\boldsymbol{X}_{G_D})\boldsymbol{\Theta}'_{G_D} + f_{\text{TH}}^k(\boldsymbol{X}_{G_D})\boldsymbol{\Theta}''_{G_D} \quad (9-26)$$

其中 $f_{\text{HT}}(\boldsymbol{X}) = \boldsymbol{H}_{\text{head}}^{\text{T}}(\sigma(\boldsymbol{H}_{\text{head}}\boldsymbol{X}) \odot (\boldsymbol{H}_{\text{tail}}\boldsymbol{X}))$ 是正向聚合，$f_{\text{TH}}(\boldsymbol{X}) = \boldsymbol{H}_{\text{tail}}^{\text{T}}(\sigma(\boldsymbol{H}_{\text{tail}}\boldsymbol{X}) \odot (\boldsymbol{H}_{\text{head}}\boldsymbol{X}))$ 是反向聚合，且 $\boldsymbol{H}_{\text{head}} = \bar{\boldsymbol{H}}_{\text{head}}\boldsymbol{\Theta}_{\text{head}}$，$\boldsymbol{H}_{\text{tail}} = \bar{\boldsymbol{H}}_{\text{tail}}\boldsymbol{\Theta}_{\text{tail}} \cdot \boldsymbol{\Theta}'_{G_D}$，$\boldsymbol{\Theta}''_{G_D}$，$\boldsymbol{\Theta}_{\text{tail}}$，$\boldsymbol{\Theta}_{\text{head}}$ 是参数矩阵，$\boldsymbol{X}_{G_D}$ 是有向超图的顶点特征。

（4）DHN。

DHN 通过普通图代表有向超图，每条有向超边 $\vec{e}_i$ 表示为 $G_{E_{GD}}$ 图中的顶点，超边之间的关系表示为 $G_{E_{GD}}$ 图中的边；然后对 $G_{E_{GD}}$ 应用现有的图神经网络模型学习有向超边的表示。每层的 DHN 定义为

$$\boldsymbol{Q}_{G_{DE}}^{(l+1)} = \sigma(\boldsymbol{Q}_{G_{DV}}^{(l)}, \widetilde{\boldsymbol{H}}_g \boldsymbol{Q}_{G_{DE}}^{(l)} \boldsymbol{\Theta}_{G_D}^{(l)}) \quad (9-27)$$

其中 $\boldsymbol{Q}_{G_{DE}}^{(l)}$ 是超边在第 $l$ 层的隐层表示，$\widetilde{\boldsymbol{H}}_g$ 是有向超图对应的无向超图的关联矩阵，$\boldsymbol{Q}_{G_{DV}}^{(l)}$ 和 $\boldsymbol{Q}_{G_{DV}}^{(l+1)}$ 分别是第 $l$ 和 $l+1$ 层顶点的隐层表示，$\boldsymbol{\Theta}_{G_D}^{(l)}$ 表示可学习的参数矩阵，$(\cdot, \cdot)$ 代表拼接运算。从式（9-27）可以看出，当 DHN 更新顶点的特征表示时，考虑到顶点表示 $\boldsymbol{Q}_{G_{DV}}^{(l)}$、有向超边表示 $\boldsymbol{Q}_{G_{DE}}^{(l)}$ 和无向超图结构 $\widetilde{\boldsymbol{H}}_g$。

从上述可知，有向超图神经网络模型中的超边都带方向信息。其中，DHN 将有向超图转换为有向图，卷积操作中融入了无向超图的结构。而其他 3 种有向超图神经网络都定义了含有方向信息的有向超图关联矩阵，但各自具体的定义方式不同。

3）动态超图神经网络

在无向超图和有向超图神经网络中，建模数据的超图结构都是静态的，超图结构没有随着顶点特征的更新而动态调整，这会影响模型性能。为了动态地构建和更新超图结构，学者们设计出动态超图神经网络模型。

（1）DHGNN[a]。

最初始构造的超图可能不适合表示最终的数据结构，Jiang 等人提出一种动态超图神经网络 DHGNN[a]，包含动态超图构建（Dynamic Hypergraph Construction，DHG）和超图卷积（Hypergraph Convolution，HGC）2 个模块。其中，HGC 模块由顶点卷积 VertexConv 和超边卷积 HyperedgeConv 组成。VertexConv 聚合超边 $e$ 包含的所有顶点特征，生成超边特征 $x_e = \text{VertexConv}(\boldsymbol{X}_{G_n})$；HyperedgeConv 引入注意力机制聚合包含顶点 $u$ 的超边特征，

生成 $u$ 的新特征 $x_u = \text{HyperedgeConv}(x_e)$。然后根据更新后的顶点特征重新构建超图，堆叠多层 DHG 和 HGC 实现动态地构建超图。

（2）AdaHGNN。

AdaHGNN 通过关联矩阵自动学习，构造自适应超图，进而学习高阶语义关系。在构造超图的过程中，超边被定义为顶点之间的一种抽象关系，可在训练阶段自动地学习。$\boldsymbol{H}_{G_A}$ 表示自适应超图的关联矩阵，AdaHGNN 的超图卷积层定义为

$$\boldsymbol{Q}_{G_A}^{(l+1)} = \sigma(\boldsymbol{D}_{V_{G_A}}^{-1/2} \boldsymbol{H}_{G_A} \boldsymbol{W}_{G_A} \boldsymbol{D}_{E_{G_A}}^{-1} \boldsymbol{H}_{G_A}^{\mathrm{T}} \boldsymbol{D}_{V_{G_A}}^{-1/2} \boldsymbol{Q}_{G_A}^{(l)} \boldsymbol{\Theta}_{G_A}^{(l)}) \tag{9-28}$$

其中 $\boldsymbol{Q}_{G_A}^{(l)}$ 和 $\boldsymbol{Q}_{G_A}^{(l+1)}$ 是第 $l$ 和 $l+1$ 层顶点的隐层表示。AdaHGNN 与 HGNN 中构造关联矩阵的方法不同。

（3）AHGCN。

AHGCN 采用自适应超边的构造方法生成基于位置的超图 $G_{\text{loc}}$ 和基于内容的超图 $G_{\text{con}}$，并引入批量归一化和残差连接加速和稳定训练，AHGCN 的超图卷积层定义为

$$\boldsymbol{Q}_{G}^{(l+1)} = \sigma(BN(\boldsymbol{D}_{V_G}^{-1/2} \boldsymbol{H}_G \boldsymbol{D}_{E_G}^{-1} \boldsymbol{H}_G^{\mathrm{T}} \boldsymbol{D}_{V_G}^{-1/2} \boldsymbol{Q}_G^{(l)} \boldsymbol{\Theta}_G^{(l)}) + \boldsymbol{Q}_G^{(l)} \overline{\boldsymbol{\Theta}}_G^{(l)}) \tag{9-29}$$

其中 $NB(\cdot)$ 是批量归一化，$\boldsymbol{Q}_G^{(l)}$ 和 $\boldsymbol{Q}_G^{(l+1)}$ 是第 $l$ 和 $l+1$ 层顶点的隐层表示，$\boldsymbol{\Theta}_G^{(l)}$ 和 $\overline{\boldsymbol{\Theta}}_G^{(l)}$ 代表可学习的参数，$H_G$ 由 $G_{\text{loc}}$ 和 $G_{\text{con}}$ 组成。

从上述内容可知，本书提到的超图神经网络通过不同的方式动态地优化超图的建模过程。其中，DHGNN[a] 利用更新后的顶点特征构建新的超图，AdaHGNN 在训练阶段自动地学习顶点间的抽象关系，AHGCN 用一种自适应超边的构造方法生成超图。除此之外，半动态超图神经网络（Semi-dynamic Hypergraph Neural Network，SD-HNN）构建静态超图和动态超图捕获人体运动学。Zhang 等人设计一个可以自适应优化超图结构的超图拉普拉斯适配器（Hypergraph Laplacian Adaptor，HERALD），动态地更新超图结构。基于张量的动态超图学习（Tensor-based Dynamic Hypergraph Learning，t-DHL）采用张量表示建模超图结构，在学习的过程中动态地更新超图结构。

### 2. 基于普通图的超图神经网络

基于普通图的超图神经网络，显式地将图卷积网络扩展到超图上。它们具有共同的特点，即首先采用特定的方法将超图转换成普通图，然后在这个普通图上执行图卷积神经网络。

1）HyperGCN

HyperGCN 是一种对超图运用图卷积网络进行训练的方法。超图谱理论可以将超图转换为一个带权普通图。具体地，选取每条超边中信号特征最大的 2 个顶点，形成一条边来表示该超边，超边中的其他顶点被删除，导致信息的丢失。因此，HyperGCN 引入由删除的顶点组成的中介，将中介中的每个顶点与代表超边选取的 2 个顶点相连接，使用 Chan 等人的方法定义超图拉普拉斯。HyperGCN 本质上是用带权的普通图代替超图，每条超边退化为带权重的边。最后在带权重的普通图上执行图卷积操作即可。

2）LHCN

线超图卷积网络（Line Hypergraph Convolution Network，LHCN）首次引入超图的线图这一概念，超图的线图是一个普通图。首先将超图 $G$ 映射到一个加权带属性的线图

$L(G)$，其次对线图 $L(G)$ 执行图卷积操作，超图的线图的卷积定义为

$$Q_{L(G)}^{(l+1)} = \sigma(\widetilde{D}_{L(G)}^{-1/2} \widetilde{A}_{L(G)} \widetilde{D}_{L(G)}^{-1/2} Q_{L(G)}^{(l)} \Theta_{L(G)}^{(l)}) \tag{9-30}$$

其中，$\widetilde{A}_{L(G)} = A_{L(G)} + I$，$\widetilde{D}_{L(G)}$ 是 $\widetilde{A}_{L(G)}^{(l)}$ 的度矩阵，$\Theta_{L(G)}^{(l)}$ 是第 $l$ 层可学习的参数矩阵，$Q_{L(G)}^{(l)}$ 和 $Q_{L(G)}^{(l+1)}$ 分别是第 $l$ 和 $l+1$ 层的隐层表示。在 $L(G)$ 上完成图卷积操作后，利用反向映射规则从图卷积结果得到原超图中顶点的标签和属性。

3）HAIN

LHCN 需要显式地计算线图，计算成本高，超图注意力同构网络（Hypergraph Attention Isomorphism Network，HAIN)用一种隐式的方式生成线图来解决此问题。超图 $G$ 被隐式地生成线图 $\widetilde{L}(G)$，$A_{\widetilde{L}(G)} = D_{E_G}^{-1} H_G^{\mathsf{T}} D_{V_G}^{-1} H_G$ 表示融入超图结构的邻接矩阵。由于线图中的顶点代表的是超图中的超边，HAIN 采用自注意力机制学习线图中顶点的权重，实现了衡量不同超边对顶点的重要性。受图同构网络（Graph Isomorphism Network，GIN）的启发，HAIN 每层定义为

$$Q_{\widetilde{L}(G)}^{(l+1)} = \sigma(H_G(A_{\widetilde{L}(G)} Q_{\widetilde{L}_{att}}^{(l)} H_G^{\mathsf{T}} Q_{\widetilde{L}(G)}^{(l)} + \tau_{\widetilde{L}(G)}^{(l)} H_G^{\mathsf{T}} Q_{\widetilde{L}(G)}^{(l)}) \Theta_{\widetilde{L}(G)}^{(l)} \tag{9-31}$$

其中 $A_{\widetilde{L}(G)} Q_{\widetilde{L}_{att}}^{(l)}$ 是 $\widetilde{L}(G)$ 带有自注意力的可学习的邻接矩阵，$Q_{\widetilde{L}_{att}}^{(l)} = \mathrm{diag}(\sigma_{att}(H_G^{\mathsf{T}} Q_{\widetilde{L}(G)}^{(l)} \theta_{att}^{(l)}))$，$\theta_{att}^{(l)}$ 是注意力向量。diag 代表对角算子，可将向量转化为对角矩阵，$\Theta_{\widetilde{L}(G)}^{(l)}$ 是第 $l$ 层可学习的参数矩阵。$\tau_{\widetilde{L}(G)}^{(l)}$ 是一个超参数，表示顶点自身对其邻居聚合表示的重要性。$Q_{\widetilde{L}(G)}^{(l)}$ 和 $Q_{\widetilde{L}(G)}^{(l+1)}$ 分别是第 $l$ 和 $l+1$ 层顶点的隐层表示。

4）HI-GCN

超图诱导图卷积网络（Hypergraph Induced Graph Convolutional Network，HI-GCN）将超图结构植入到图卷积运算中来更新顶点嵌入。HI-GCN 的卷积层定义为

$$Q_{G_c}^{(l+1)} = \sigma(D_{G_c}^{-1} H_G W_{G_c} H_G^{\mathsf{T}} D_{G_c}^{-1} Q_{G_c}^{(l)} \Theta_{G_c}^{(l)}) \tag{9-32}$$

其中 $D_{G_c}$ 是 $G_c$ 的度矩阵，$G_c$ 是超图通过团扩张生成的普通图，$W_{G_c}$ 是超边权重矩阵，$\Theta_{G_c}^{(l)}$ 是可学习权重矩阵，$Q_{G_c}^{(l)}$ 和 $Q_{G_c}^{(l+1)}$ 是第 $l$ 和 $l+1$ 层顶点的隐层表示。HI-GCN 有效地包含了图和超图的信息。

从上述可知，基于普通图的超图神经网络的共同点是采用一定的策略先将超图转化为普通图，然后以图或者图和超图作为拓扑结构开发模型。与上述方法类似，神经超链接预测器（Neural Hyperlink Predictor，NHP）采用无向超图和有向超图建模数据，利用团扩张将 2 种超图转化为普通图后实现超图链路预测。Hou 等人提出将加权有向超图转换为加权超边图，而加权超边图就是一个普通图。除此之外，相关文献提出一种超图转换为普通图的方法，线扩张（Line Expansion，LE），将超图中的顶点—超边对作为普通图中的一个顶点，称之为线顶点，如果线顶点（顶点—超边对）之间有公共的顶点或超边，连接这 2 个线顶点形成一条边，依次执行，最终得到与之对应的普通图。

**3. 基于注意力机制的超图神经网络**

注意力机制常用于图神经网络中权衡顶点和边的重要性，取得显著的成效。同样，超图神经网络也可引入注意力机制来体现顶点和超边等的重要性。此处对现有的超图神经网络中以注意力机制为关键技术的模型进行归纳和总结，具体如下所述。

1）Hyper-SAGNN

Hyper-SAGNN 是一种用于超图学习的框架，能够处理同构和异构超图、一致和非一致超图，并利用学习到的节点嵌入预测非一致异构超图中的超边。Hyper-SAGNN 包含静态嵌入模块、动态嵌入模块和预测模块，在动态嵌入模块中引入多头注意力机制生成动态嵌入。

2）HAN

HAN 调整输入的多种模态之间信息层次，将它们整合到同一信息层次。采用符号图定义不同的模态之间的公共语义空间，在语义空间中构建共同注意力映射，获取不同模态的联合表示。

3）HyperGAT

HyperGAT 设计双注意力机制学习有鉴别力的表示，用于归纳式文本分类，降低计算成本。HyperGAT 层定义为

$$q_{v_i}^{(l+1)} = \text{Hyperedge}AGG^{(l+1)}(q_{v_i}^{(l)}, q_{e_i}^{(l+1)})$$
$$q_{e_i}^{(l+1)} = \text{Vertex}AGG^{(l+1)}(q_{v_i}^{(l)}) \tag{9-33}$$

其中 $q_{v_i}^{(l+1)}$ 和 $q_{e_i}^{(l+1)}$ 是第 $l+1$ 层的顶点 $v_i$ 和超边 $e_i$ 的表示。超边聚合函数 $\text{Hyperedge}AGG(\cdot)$ 将包含顶点的所有超边的特征聚合到该顶点，并通过超边级注意力机制为每条超边分配权重，表明每条超边对该顶点的贡献度；节点聚合函数 $\text{Vertex}AGG(\cdot)$ 将超边中所有顶点的特征聚合到该超边，并通过顶点级注意力机制为每个顶点分配权重，表明每个顶点对于超边的贡献度。

4）HGAT

与 HyperGAT 类似，超图注意力网络（Hypergraph Attention Network，HGAT）也是基于双注意力机制的超图注意力网络，包含注意力顶点聚合和注意力超边聚合，在聚合特征的过程中引入注意力机制为顶点和超边分配不同的权重。

5）SAHDL

稀疏注意超图正则化字典学习（Sparse Attention Hypergraph Regularized Dictionary Learning，SAHDL）算法设计出一种新的稀疏注意力机制为每个顶点分配重要性权重，并将权重值融入构建超图的过程中。引入稀疏注意力的超图关联矩阵 $\boldsymbol{H}_{\text{SA}}$ 定义为

$$\boldsymbol{H}_{\text{SA}} = \begin{cases} e^{(-\text{dis}(v_i, v_u)^2)} \times a_{\text{SA}}^i, & v_i \in e_{\text{SA}} \\ \boldsymbol{0} & \text{其他} \end{cases} \tag{9-34}$$

其中 $e_{\text{SA}}$ 代表一条超边，$\text{dis}(\cdot)$ 表示计算 2 点之间的距离，$a_{\text{SA}}^i$ 表示顶点 $i$ 的注意力权重值，可通过公式 $\arg\min f(\boldsymbol{a}_{\text{SA}}) = \parallel x - P_K \boldsymbol{a}_{\text{SA}} \parallel_F^2 + 2\tau \parallel \boldsymbol{a}_{\text{SA}} \parallel_{\ell_1}$ 计算得到。$\boldsymbol{a}_{\text{SA}}$ 是权重向量，$P_K$ 表示从 $K$ 个最近邻居中选取的样本的特征，$\tau$ 是控制稀疏性的超参数。

6）STHAN-SR

时空超图注意力网络（Spatiotemporal Hypergraph Attention Network，STHAN-SR）利用超图注意力巧妙地将时间霍克斯注意力与空间超图卷积相结合，捕捉时空相关性。$\boldsymbol{H}_G^{\text{att}}$ 表示引入注意力机制的超图关联矩阵，STHAN-SR 的超图卷积层定义为

$$Q_G^{(l+1)} = \sigma(D_{V_G}^{-1/2} H_G^{\text{att}} W_G D_{E_G}^{-1} (H_G^{\text{att}})^{\text{T}} D_{V_G}^{-1/2} Q_G^{(l)} \Theta_G^{(l)}) \tag{9-35}$$

它采用多头注意力机制确保训练稳定。

7）HGTAN

超图三注意力网络（Hypergraph Tri-attention Network，HGTAN）设计了超边内、超边间和超图间 3 个注意力模块，考虑顶点、超边和超图的重要性。其中，超边内注意力和超边间注意力与 HyperGAT 和 HGAT 类似，但 HGTAN 中采用超图间注意力模块，权衡不同超图的重要性。

从上述可知，该类超图神经网络模型的共同之处是利用注意力机制突显顶点、超边或超图在消息聚合过程中的各自重要性。除此之外，有向超图注意力网络（Directed Hypergraph Attention Network，DHAT）结合 DHConv 和注意力机制挖掘数据间的潜在关系。Sun 等人提出一种基于多级超边蒸馏策略的超图神经网络，采用节点级、超边级和语义级注意力学习和更新顶点表示。

## 9.4.2 超图循环神经网络

本节重点介绍引入循环神经网络构建超图神经网络模型，循环神经网络主要用于捕获时间特性。

### 1. HGC-RNN

HGC-RNN 是一种能够预测结构化时间序列传感器网络数据的模型。它使用超图卷积提取数据的结构特征，同时采用循环神经网络结构提取数据序列中的时间依赖性。随时间演化的 HGC-RNN 层定义为

$$Q_G^{(l+1)} = F_{\text{RNN}}(F_{\text{HGC1}}(X_G^{(l+1)} \parallel Q_G^{(l)}), F_{\text{HGC2}}(Q_G^{(l)})) \tag{9-36}$$

其中 $F_{\text{RNN}}$ 是循环神经网络，如 GRU。$F_{\text{HGC1}}$ 和 $F_{\text{HGC2}}$ 是用于更新顶点表示的超图卷积操作。

### 2. 一种基于卷积、注意力和 GRU 的超图神经网络

Xia 等人开发了一种基于时间的超图神经网络，集成了超图卷积、GRU 和注意力机制，有效地学习超图中异构数据之间的高阶相关性。

上述 2 种超图神经网络有效地组合循环神经网络与超图卷积。与它们不同的是 9.4.1 节中的 HGTAN 结合循环神经网络和超图注意力机制，使用 GRU 从时间序列数据中捕捉顶点的时间动态性，再将其送入 HGTAN 更新节点的表示。它们都充分地考虑了数据间的时间特性和拓扑结构。

## 9.4.3 超图生成对抗网络

受生成对抗网络的启发，研究者们引入生成对抗网络设计出超图神经网络模型，本节详细地介绍这类网络。

### 1. HGGAN

HGGAN 提出用交互式超边神经元模块（Interactive Hyperedge Neurons Module，IHEN）作为生成器捕获数据间的复杂关系；鉴别器是 MLP。IHEN 的定义为

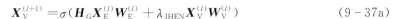

$$\boldsymbol{X}_{\mathrm{V}}^{(l+1)} = \sigma(\boldsymbol{H}_G \boldsymbol{X}_{\mathrm{E}}^{(l)} \boldsymbol{W}_{\mathrm{E}}^{(l)} + \lambda_{\mathrm{IHEN}} \boldsymbol{X}_{\mathrm{V}}^{(l)} \boldsymbol{W}_{\mathrm{V}}^{(l)}) \tag{9-37a}$$

$$\boldsymbol{X}_{\mathrm{E}}^{(l+1)} = \sigma(\boldsymbol{H}_G^{\mathrm{T}} \boldsymbol{X}_{\mathrm{V}}^{(l)} \boldsymbol{W}_{\mathrm{V}}^{(l)} + \lambda_{\mathrm{IHEN}} \boldsymbol{X}_{\mathrm{E}}^{(l)} \boldsymbol{W}_{\mathrm{E}}^{(l)}) \tag{9-37b}$$

其中 $\boldsymbol{X}_{\mathrm{V}}^{(l+1)}$ 和 $\boldsymbol{X}_{\mathrm{E}}^{(l+1)}$ 分别是第 $l+1$ 层节点和超边的特征，$\boldsymbol{W}_{\mathrm{V}}^{(l)}$ 和 $\boldsymbol{W}_{\mathrm{E}}^{(l)}$ 分别是第 $l$ 层节点和超边的权重矩阵，$\lambda_{\mathrm{IHEN}}$ 是超参数。

**2. MRL-AHF**

MRL-AHF 利用多模态间的互补和多模态内的交互，提升表示学习能力和多模态融合性能。潜在表示分别送入编码器 EA 和 EB 得到表示 $\boldsymbol{X}_{\mathrm{V}}^{\mathrm{EA}}$ 和 $\boldsymbol{X}_{\mathrm{V}}^{\mathrm{EB}}$，生成 2 个超图，用关联矩阵 $\boldsymbol{H}_{\mathrm{EA}}$ 和 $\boldsymbol{H}_{\mathrm{EB}}$ 表示。通过对抗训练策略实现超图融合，得到顶点的特征

$$\boldsymbol{Q}_{\mathrm{fuse}} = \boldsymbol{D}_{V_{\mathrm{EA}}}^{-1/2} \boldsymbol{H}_{\mathrm{EA}} \boldsymbol{D}_{V_{\mathrm{EA}}}^{-1/2} \bar{\boldsymbol{X}}_{\mathrm{EA}} + \boldsymbol{D}_{V_{\mathrm{EB}}}^{-1/2} \boldsymbol{H}_{\mathrm{EB}} \boldsymbol{D}_{V_{\mathrm{EB}}}^{-1/2} \bar{\boldsymbol{X}}_{\mathrm{EB}} \tag{9-38}$$

其中 $\boldsymbol{D}_{V_{\mathrm{EA}}}$ 和 $\boldsymbol{D}_{V_{\mathrm{EB}}}$ 分别是 $\boldsymbol{H}_{\mathrm{EA}}$ 和 $\boldsymbol{H}_{\mathrm{EB}}$ 的顶点度矩阵，$\bar{\boldsymbol{X}}_{\mathrm{EA}} = \boldsymbol{D}_{E_{\mathrm{EA}}}^{-1/2} \boldsymbol{H}_{\mathrm{EA}}^{\mathrm{T}} \boldsymbol{D}_{E_{\mathrm{EA}}}^{-1/2} \boldsymbol{X}_{\mathrm{V}}^{\mathrm{EA}}$，$\bar{\boldsymbol{X}}_{\mathrm{EB}} = \boldsymbol{D}_{E_{\mathrm{EB}}}^{-1/2} \boldsymbol{H}_{\mathrm{EB}}^{\mathrm{T}} \boldsymbol{D}_{E_{\mathrm{EB}}}^{-1/2} \boldsymbol{X}_{\mathrm{V}}^{\mathrm{EB}} \boldsymbol{\Theta}_{\mathrm{EB}}$。$\boldsymbol{D}_{E_{\mathrm{EA}}}$ 和 $\boldsymbol{D}_{E_{\mathrm{EB}}}$ 分别是 $\boldsymbol{H}_{\mathrm{EA}}$ 和 $\boldsymbol{H}_{\mathrm{EB}}$ 的超边度矩阵，$\boldsymbol{\Theta}_{\mathrm{EB}}$ 是权重矩阵。

从上述可知，HGGAN 和 MRL-AHF 巧妙地在生成对抗网络中融入超图结构，提升了模型学习表示的能力。

### 9.4.4　其他模型

受双曲图卷积神经网络的启发，Li 等人提出一种带有预训练阶段的双曲超图表示学习方法（Hyperbolic Hypergraph Representation Learning method for Sequential Recommend-dation，H²SeqRec）有效地缓解超图的稀疏性和长尾数据分布问题，通过双曲空间超图神经网络学习动态嵌入。DHT（Dual Hypergraph Transformation）是一种边表示学习框架。Srinivasan 等人设计了一种用于学习顶点、超边和完全超图表示的超图神经网络。受GCNII 的启发，残差增强多超图神经网络（Residual Enhanced Multihypergraph Neural Network，ResMultiHGNN）缓解加深 HGNN 引起的过平滑等问题。Lin 等人使用采样超边等方式设计出一种深层超图神经网络（Deep Hypergraph Neural Network，DeepHGNN）。深度超边（Deep Hyperedges，DHE）利用上下文和集合成员对超图进行转导和归纳式学习。G-MPNN 统一不同结构的消息传递神经网络（Message Passing Neural Network，MPNN），对多关系有序超图有强大的归纳能力。UniGNN 是一种将经典的 GNN，如GCN，GAT（Graph Attention Network）等推广到超图上的统一框。HyperSAGE 受GraphSAGE（Graph Sample and Aggregate）的启发，设计出一种归纳式超图学习框架。HyperGene 是一种基于 GNN 的超图预训练框架。NetVec 是一个能够提高运行速度，用于解决大型超图的多层超图嵌入框架。AllSet 将传播规则描述为 2 个多集函数的组合，并将多集函数的学习问题与超图神经网络联系起来。

## 9.5　超图神经网络的应用

现实生活中很多数据间的交互关系可以很自然地用超图表示，虽然超图神经网络的发展历程较短，但它已经被广泛地应用到不同领域的任务中，并取得成功。本节详细地介绍超图神经网络在以下各领域中的实际应用。

## 9.5.1 社交网络

### 1. 引文网络分类

在引文网络中,超图可用于建模论文的引用关系和论文的合著关系。引文网络分类任务属于节点级任务,常用的数据集有 Cora、Pubmed、Citeseer、DBLP,具体描述如表 9 - 3 所示。HGNN、HyperGCN、DHGNN[a]、HyperSAGE、LHCN、iHGAN、HNHN、HyperND 等都可用于引文网络分类。表 9 - 4 列举了应用于引文网络分类的超图神经网络模型及其采用的数据集和评价指标。

表 9 - 3 引文网络常用数据集

| 数据集 | 节点 | 边 | 超边 |
|---|---|---|---|
| Cora | 2708 | 5429 | — |
| Cora(co-citation) | 2078 | — | 1579 |
| Cora(co-authorship) | 2078 | — | 1072 |
| Pubmed | 19 717 | 44 338 | — |
| Pubmed(co-citation) | 19 717 | — | 7963 |
| Citeseer | 3312 | 4732 | — |
| Citeseer(co-citation) | 3312 | — | 1079 |
| DBLP (co-authorship) | 43 413 | — | 22 535 |

注:"—"表示本文不涉及。

表 9 - 4 应用于引文网络分类的超图神经网络模型及其采用的数据集和评价指标

| 模型 | 数据集 | 评价指标 |
|---|---|---|
| HGNN | Cora, Pubmed | Accuracy |
| DHGNN[a] | Cora | Accuracy |
| HyperGCN | Cora, DBLP, Pubmed, Citeseer | Mean test error $\pm$ standard deviation, Density |
| LHCN | Cora, Citeseer, Pubmed | Accuracy |
| HAIN | Cora, Citeseer, Pubmed, DBLP | Accuracy |
| HWNN | Cora, Pubmed, DBLP | Recall, F1, Accuracy, Precision |
| HpLapGCN | Cora, Citeseer | Accuracy |
| Directed Hypergraph Neural Network | Cora, Citeseer | Accuracy |

续表

| 模型 | 数据集 | 评价指标 |
|------|--------|----------|
| DHN | Cora，DBLP，ACM，Amazon，arXiv | Mean squared error |
| MPNN-R | Cora，DBLP，ACM，arXiv | Mean test error $\pm$ standard deviation |
| HyperSAGE | Cora，DBLP，Pubmed，Citeseer | Mean test error $\pm$ standard deviation，Accuracy |
| HyperGene | Cora，Pubmed，Corum，Disgenet | Accuracy |
| HNHN | Cora，DBLP，Pubmed，Citeseer | Accuracy |
| HERALD | Cora | Accuracy，Standard deviation |
| DHGNN[b] | Cora，Citeseer，DBLP，IMDB | Micro-F1 |
| iHGAN | Cora，Citeseer | Accuracy |
| HyperND | Cora，Citeseer，DBLP | Accuracy |

对于半监督节点分类任务，表 9-5 罗列了 3 种超图神经网络模型与经典的 GCN 在 Cora 上的比较，实验中的训练集和测试集分别为 140 和 1000。其中 DHGNN[a] 和 iHGAN 分别比 GCN 提升了 1%、1.4%，展现了超图神经网络的有效性。

**表 9-5　不同模型在 Cora 数据集上的实验结果**

| 模型 | Accuracy |
|------|----------|
| GCN | 81.5 |
| HGNN | 81.6 |
| DHGNN[a] | 82.5 |
| iHGAN | 82.9 |

**2. 情感识别**

多超图神经网络（Multi-Hypergraph Neural Network，MHGNN[a]）利用生理信号识别人类情绪，每种类型的生理信号建模为一个超图，超图中的顶点是一个受试对象和刺激物的二元组，超边代表受试者之间的相关性。若存在多种生理信号，则采用多个超图建模。在每个超图上执行卷积后，融合多个超图卷积的输出结果，得到顶点的最终表示。

### 9.5.2　推荐系统

序列超图增强下一项推荐（Sequential Hypergraphs to Enhance Next-item Recommendation，HyperRec）是端到端的框架，利用序列超图描述项目之间的短期相关性，结合超图卷积层生成有效的项目动态嵌入。$H^2$SeqRec 在双曲空间中设计超图卷积，从年、季、月多个维度学习项目的嵌入。DHCF 是双通道协同过滤框架，采用分治策略学习用户和项目的不同表示。用户间和项目间的高阶相关性建模为用户超图和项目超图,利用超图卷积学习用户和项目的表示。双通道的设置使得集成用户和项目一起推荐的同时,又保持各自属性。SHCN 是基于用户评论的信号超图卷积网络,设计了符号超边卷积操作,通过自定义的邻域聚合策略有效地传递用户偏好,改进特征感知的推荐性能。

DHCN、SHARE、HGNNA 是基于会话推荐的超图神经网络模型。DHCN 是结合超图和超图线图设计的双通道超图卷积网络,其中超图卷积负责捕获项目级的高阶关系,超图的线图卷积负责学习会话级关系。$S^2$-DHCN 是 DHCN 的变体,加入了自监督学习。SHARE 用一个超图表示每个会话,项目是超图中的顶点,超边连接一个上下文窗口中所有的项目。引入超图注意力机制衡量项目对会话的重要性和会话对项目的影响。HGNNA 是基于超图神经网络和注意力机制的推荐模型。首先利用超图神经网络学习项目间的关联,然后引入自注意力机制聚合会话信息,最后通过图注意机制挖掘出会话间的相关性。

STAMP(Short-Term Attention/Memory Priority)和 SR-GNN(Session-based Recommendation with Graph Neural Network)是 2 个先进的基线,分别通过引入注意力机制和图神经网络来增强基于会话的推荐。表 9 - 6 记录了基于会话推荐常用的数据集 YooChoose(1/4) 和 Diginetica。从表 9 - 7 中可以看出,超图神经网络模型 SHARE,DHCN,$S^2$-DHCN 优于 SR-GNN,在 YooChoose(1/4) 上分别提升 0.22%,4.83%,8.24%;在 Diginetica 上分别提升了 0.46%,12.99%,13.35%。而 HGNNA 的性能也优于 STAMP,证明了超图神经网络模型在该任务中的成效。

**表 9 - 6 基于会话推荐常用数据集**

| 数据集 | 训练会话 | 测试会话 | 商品 | 会话的平均长度 |
|---|---|---|---|---|
| YooChoose (1/4) | 5 917 745 | 55 898 | 29 618 | 5.71 |
| Diginetica | 719 470 | 60 858 | 43 097 | 5.12 |

**表 9 - 7 基于会话推荐不同模型结果**

| 模型 | 数据集 | |
|---|---|---|
| | YooChoose(1/4) | Diginetica |
| STAMP | 30.00 | 14.32 |
| SR-GNN | 31.89 | 17.59 |
| HGNNA | 30.81 | 17.74 |
| SHARE | 32.11 | 18.05 |
| DHCN | 36.72 | 30.58 |
| $S^2$-DHCN[62] | 40.13 | 30.94 |

MHCN、HASRE、SHGCN 都是用于社会推荐的超图神经网络模型。MHCN 是多通道超图卷积网络,利用多通道(社交通道、联合通道和购买通道)分别编码用户的高阶关系,在超图卷积网络的训练中引入自监督学习增强推荐性能。HASRE 是基于超图注意力网络

的社会推荐算法，超图建模用户之间的高阶关系，引入图注意力机制为用户的好友分配合适的权重，反映出好友对用户的不同影响。SHGCN 主要解决非同质社会推荐问题，利用超图表示复杂的三元社交关系（用户-用户-项目），设计超图卷积网络学习社会影响和用户偏好。

　　LightGCN 是一个非常具有竞争力的基线，它对 GCN 的内部结构进行了调整，大多数情况下在社会推荐任务中表现出最好或次优的性能。LastFM、Douban、Yelp 是常用于社会推荐的数据集，详情如表 9-8 所示。表 9-9 记录了 LightGCN 与超图神经网络模型 DHCF，MHCN，HASRE 的比较，实验结果引用自 HASRE，故这里的训练集、验证集和测试集的划分方式与 HASRE 一样，比例为 80%、10%、10%。除了 DHCF，其他 2 个超图神经网络模型的性能都优于 LightGCN。其中，HASRE 在 3 个数据集中表现出最佳的效果，展现了超图神经网络模型在社会推荐任务中具有显著的效果。

**表 9-8　社会推荐常用的数据集**

| 数据集 | 用户 | 商品 | 交互 | 关系 |
|---|---|---|---|---|
| LastFM | 1892 | 17 632 | 92 843 | 25 434 |
| Douban | 2848 | 39 586 | 894 887 | 35 770 |
| Yelp | 19 539 | 21 266 | 450 884 | 363 672 |

**表 9-9　社会推荐不同模型结果**

| 模型 | 数据集 | Recall@K | Precision@K | NDCG@K |
|---|---|---|---|---|
| DHCF | LastFM | 17.131 | 16.877 | 20.744 |
| LightGCN |  | 19.480 | 19.205 | 23.392 |
| MHCN |  | 19.945 | 19.625 | 23.834 |
| HASRE |  | 20.219 | 19.867 | 24.084 |
| DHCF | Douban | 5.755 | 16.871 | 18.655 |
| LightGCN |  | 6.247 | 17.780 | 19.881 |
| MHCN |  | 5.665 | 18.283 | 20.694 |
| HASRE |  | 6.982 | 18.817 | 21.699 |
| DHCF | Yelp | 5.986 | 2.298 | 4.700 |
| LightGCN |  | 6.525 | 2.586 | 4.998 |
| MHCN |  | 6.862 | 2.751 | 5.356 |
| HASRE |  | 7.122 | 2.865 | 5.691 |

　　群体推荐的分层超图学习框架 HHGR 分别在用户级和组级超图上设计超图卷积网络，捕获用户之间的组内和组间的交互。HyperTeNet 用于实现任务中的个性化列表延续任务，构建 3-一致超图，采用 Hyper-SAGNN 学习用户、项目和列表之间的三元关系。Liu 等人

设计的知识感知超图神经网络(Knowledge-Aware Hypergraph Neural Network,KHNN),从知识图谱学习用户、项目和实体之间的高阶关系。表 9－10 介绍了应用于推荐系统的超图神经网络模型及其采用的数据集和评价指标。

**表 9－10　应用于推荐系统的超图神经网络模型及其采用的数据集和评价指标**

| 模型 | 数据集 | 评价指标 |
|------|--------|----------|
| HyperRec | Amazon,Etsy,Goodreads | Hit@K,NDCG@K,MRR |
| $H^2$SeqRec | AMT,Goodreads | HR@K,NDCG@K |
| DHCF | MovieLens-100K,CiteUlike-A,Baidu-Feed,Baidu-news | NDCG@K,Precision@K,Recall@K,Hit@K |
| SHCN | Amazon,Yelp | HR,F1,NDCG |
| DHCN | Yoochoose,Diginetica | Precision@K,MRR@K |
| SHARE | YooChoose,Diginetica | MRR@K,Hit@K |
| HGNNA | Yoochoose,Diginetica | Precision@K;MRR@K |
| MHCN | LastFM,Douban,Yelp | Precision@K,Recall@K,NDCG@K |
| HASRE | LastFM,Douban,Yelp | Precision@K,Recall@K,NDCG@K |
| SHGCN | Beidian,Beibei | Recall@K,NDCG@K |
| HHGR | Weeplaces,CAMRa2011,Douban | Recall@K,NDCG@K |
| HyperTeNet | AOTM,Goodreads,Spotify,Zhihu | HR@K,NDCG@K,MAP@K |
| KHNN | Last.FM,Book-Crossing,MovieLens-20M | AUC,F1 |

## 9.5.3　计算机视觉

### 1. 图像任务

Wadhwa 等人提出一种基于超图卷积的图像补全技术,从输入数据中学习超图结构。超图卷积中代表超图结构的关联矩阵,包含每个顶点对超边的贡献信息,由空间特征的互相关计算贡献权重。HGCNN(Hypergraph Convolutional Neural Network)是解决 3D 人脸反欺骗问题的超图卷积神经网络。每张人脸构建一个超图,利用超图卷积学习深度特征和纹理特征,将它们拼接起来作为用于分类的最终表示。谱－空间超图卷积神经网络(Spectral-Spatial Hypergraph Convolutional Neural Network,$S^2$HCN)是用于高光谱图像分类的超图卷积神经网络,首先从高光谱图像中挖掘谱特征和空间特征,然后分别基于这2 个特征构建超图,并将它们融合为一个超图,最后将超图和初始高光谱图像作为超图卷积的输入。多粒度超图学习框架 MGH(Multi-Granular Gypergraph)能够同时运用时间和空间线索完成视频身份识别,超图神经网络用于探索视频序列中的多粒度时空线索之间的高阶相关性。

HI-GCN 和 AdaHGNN 用于多标签图像分类任务。HI-GCN 采用数据驱动的方式为标签构建一个自适应超图，再利用超图诱导图卷积网络更新标签嵌入。AdaHGNN 用自动学习关联矩阵的方法来构造自适应超图，利用超图神经网络学习多标签之间的高阶语义关系。HI-GCN 和 AdaHGNN 构建的超图中，每个标签作为一个顶点，但定义超边的方法不同。Dang 等人设计一种用于解决带噪声的标签学习问题的超图神经网络。

**2. 视觉对象抽取**

Zheng 等人为视觉事件推理任务设计了一种多模态模型，称为超图增强图推理。该模型通过有效地集成图卷积、超图卷积和自注意力机制，提升模型的视觉推理和视觉叙述能力。超图构建采用 KNN 算法，其中顶点代表视觉特征和文本特征，超图卷积操作与 HGNN 类似。

**3. 视觉问答**

多模式学习的主要任务是处理来自多个不同来源的信息，视觉问答（VQA）是一种典型的多模式学习任务，它的任务目标是回答关于图像场景的文本问题，需要处理包括图像和文本的信息。HAN 是用于多模态学习的超图注意力网络。

**4. 行为识别**

Hyper-GNN 是基于骨骼的动作识别的超图神经网络，通过三流超图神经网络动态地融合关节流、骨骼流和运动流的 3 种特征，充分地利用它们之间的互补性和多样性。SD-HNN 通过半动态超图神经网络从 2D 姿势重新估计人体的 3D 姿势，用超图建模人体，使用静态超图和动态超图分别表示关节之间的局部和全局运动约束，有效地刻画了人体关节之间的复杂运动学关系。

**5. 视觉对象分类**

视觉对象分类任务中，每个对象作为顶点，采用 KNN 算法生成超边，运用 HGNN 和 HGATs 实现对象识别任务。HGNN 完全依赖超图结构，没有突显出顶点和超边的重要性；HGATs 不依赖于超图结构，对顶点/超边赋予不同的重要性，可以用于归纳学习。对于多模态数据，MultiHGNN 拼接（采用均值）的是卷积结果，而 HGNN 拼接的是超图结构。HGWNN 是引入小波变换设计的超图小波神经网络，采用最远点采样（FPS）算法和球查询方法构建超图。基于多尺度超图神经网络的超图卷积操作与 HGNN 类似，但它融合了每层超图卷积的顶点特征，而 HGNN 仅使用最后一层特征，未考虑每一层的顶点特征信息，显得信息比较单一。DeepHGNN 是一种加深 HGNN 的超图神经网络。

NTU 和 ModelNet40 是超图神经网络常用于视觉对象分类的数据集，具体细节如表 9 - 11 所示。表 9 - 12 记录了 6 个超图神经网络与 GCN 在 2 个数据集上的实验结果，可以观察到超图神经网络模型在 NTU 上的分类精度都高于 GCN。同样地，它们在 ModelNet40 上分类结果也都优于 GCN，充分地展现出超图神经网络在这类任务中的优势。表 9 - 13 总结了应用于计算机视觉的超图神经网络模型及其采用的数据集和评价指标。

表 9 - 11　视觉对象分类常用数据集

| 数据集 | 对象 | 训练节点 | 测试节点 | 类别 |
|---|---|---|---|---|
| ModelNet40 | 12 311 | 9843 | 2468 | 40 |
| NTU | 2012 | 1639 | 373 | 67 |

表 9 - 12　视觉对象分类不同模型结果(Accuracy)

| 模型 | 数据集 | |
|---|---|---|
| | NTU | ModelNet40 |
| GCN | 76.1 | 94.4 |
| HGNN | 84.2 | 96.7 |
| HGATs | 85.5 | 97.1 |
| DeepHGNN | 85.6 | 97.2 |
| MHGNN[b] | 85.5 | 97.5 |
| HGWNN | 91.3 | 97.8 |
| ResMultiHGNN | 92.1 | 98.7 |

表 9 - 13　应用于计算机视觉的超图神经网络模型及其采用的数据集和评价

| 模型 | 数据集 | 评价指标 |
|---|---|---|
| HGCNN | 3DMAD, FA3D | HTER, ACER, ACC, APCER, BPCER |
| S²HCN | Indain Pines, Kennedy Space Center(KSC) | Accuracy, Kappa coefficient |
| MGH | MARS, iLIDS-VID, PRID-2011 | CMC, MAP |
| HGNN | ModelNet40, NTU | Accuracy |
| HGATs | ModelNet40, NTU | Accuracy |
| HGWNN | ModelNet40, NTU | Accuracy |
| ResMultiHGNN | ModelNet40;NTU | Accuracy |
| MHGNN[b] | ModelNet40, NTU, Facebook | MAP, Accuracy |
| HANs | GQA, VQA v2 | Accuracy |
| SD-HNN | Human3.6M, MPI-INF-3DHP | MPJPE, PCK, AUC |
| Hyper-GNN | NTU RGB+D, Kinetics-Skeleton | CS Accuracy, top-1 Accuracy, top-5 Accuracy |
| HI-GCN | SUN, MS-COCO, ESP-GAME | MAP, CP, CR, CF1, OP, OR, OF1 |
| AdaHGNN | MS-COCO, NUS-Wide, Visual Genome, Pascal VOC 2007 | MAP, CF1, OF1 |

### 9.5.4　自然语言处理

**1. 文本分类**

HyperGAT 是针对文本分类任务设计的基于双注意力机制的超图注意力网络，使用文档级超图建模每个文本文档，顶点表示文档中的单词，存在顺序超边和语义超边。采用顶点级和边级注意力学习高阶关系和有判别力的表示。该模型适用于归纳式训练。

**2. 生物医学事件抽取**

生物医学事件抽取是涉及生物医学概念的一项抽取任务，需要从生物医学的上下文本中提取有用的基本信息。Zhao 等人提出一个用于解决该任务的端到端的文档 2 级联合框架，通过堆叠 HANN 层，有效地建模生物医学文档中局部和全局上下文之间的相互关联。

**3. 知识图谱**

DHGCN 是在超图卷积操作中融入方向信息的有向超图卷积网络，很自然的将超图卷积扩展到有向超图，提出基于有向超图卷积网络的多条知识库问答模型 2HR-DR。受 CompGCN 和递归超图的启发，Yadati 等人引入递归超图建模知识库，提出递归超图神经网络（Recursive Hypergraph Network，RecHyperNet），用于知识库问答任务。Han 等人提出基于文本增强知识图谱的开放领域问答模型，利用文本语义信息增强实体表示和文本结构补充知识库中的关系。其中每个文本视为一条超边，连接该文本中的实体，然后对文本超边形成的超图执行超图卷积，更新实体信息。Fatemi 等人提出 HSimplE 和 HypE 直接对知识超图进行链路预测。

知识库问答是自然语言处理中的一种任务，常用的传统模型有 KV-MemNet（Key-Value Memory Network）和 GraftNet（Graphs of Relations Among Facts and Text Networks），前者将知识库事实和文本以键值对存储的内存网络；后者用文本信息和实体一起构建图，并将 GCN 应用于推理。常用数据集 MetaQA 和 WebQuestionsSP 的描述如表 9-14 所示。虽然传统模型有各自的优势，但从表 9-14 可以看出超图神经网络模型 2HR-DR 和 RecHyperNet 的性能更优。特别地，RecHyperNet 在 2 个数据集上比 GraftNet 分别提升了 2.1% 和 1.6%，表明超图神经网络模型的可行性和有效性。实验结果来自 RecHyperNet 中的实验，故具有可比性。表 9-15 总结了应用于自然语言处理的超图神经网络模型及其采用的数据集和评价指标。

**表 9-14　知识库问答不同模型结果**

| 模型 | 数据集 | |
| --- | --- | --- |
| | MetaQA | WebQuestionsSP |
| KV-MemNet | 96.2 | 46.7 |
| GraftNet | 97.0 | 66.8 |
| 2HR-DR | 98.8 | 67.0 |
| RecHyperNet | 99.1 | 68.4 |

表 9 – 15　应用于自然语言处理的超图神经网络模型及其采用的数据集和评价指标

| 模　型 | 数据集 | 评价指标 |
|--------|--------|----------|
| 2HR-DR | MetaQA，PQL | Hits@1，F1 |
| RecHyperNet | MetaQA，WebQuestionsSP | Hits@1 |
| HSimplE，HypE | JF17K，FB-AUTO，M-FB15K | Hit@K，MRR |
| HyperGAT | 20-Newsgroups，Reuters，Ohsumed，MovieReview | Accuracy |

## 9.5.5　股票预测

　　时空超图卷积网络 STHGCN、时空超图注意力网络 STHAN-SR 和超图三注意力网络 HGTAN 都是用于预测股票趋势的模型。具体地，STHGCN 用超图表示股票间的产业关系，设计时空超图卷积学习股票价格的时间演化和股票之间的关系。STHAN-SR 将股票预测任务刻画为一个学习排序问题，结合超图卷积和时间霍克斯注意机制探索股票之间的空间复杂关系和时间依赖性。HGTAN 引入分层注意力机制，设计超边内、超边间和超图间注意力分别衡量顶点、超边和超图在股票间信息传递中的重要性，从而挖掘出股票运动的潜在关系。表 9 – 16 记录了应用于预测股票趋势的超图神经网络模型及其采用的数据集和评价指标。

表 9 – 16　应用于预测股票趋势的超图神经网络模型及其采用的数据集和评价指标

| 模型 | 数据集 | 评价指标 |
|------|--------|----------|
| STHGCN | Price data，Sector-Industry data | F1，SR |
| STHAN-SR | NASDAQ，NYSE，TSE | SR，IRR，NDCG |
| HGTAN | The data of stocks from China | Accuracy，Precision，Recall，F1，MDD，IRR，SR |

## 9.5.6　化学和医疗

　　Hyper-SAGNN 能够学习有效的细胞嵌入，有助于理解高阶基因组的细胞间变化。NHP 采用有向超图和无向超图建模化学反应网络，2 个变体 NHP-D(有向)和 NHP-U(无向)用于化学反应预测，通过团扩张将超图转化为普通图后实现超图链路预测。Hou 等人用加权有向超图建模细胞之间的多对多关系，将加权有向超图转换为超边图，并在超边图上运用 MCL(Markov Cluster Algorithm)和 Louvain 社区检测算法。

　　HGGAN 是用于分析阿尔茨海默病的超图生成对抗网络。MRL-AHF 是用于诊断阿尔茨海默病的框架，由多模态表示学习和对抗性超图融合组成。HUNet(Hypergraph U-Net)利用超图结构学习数据样本的嵌入和高阶关系，应用于脑图的嵌入和分类。Banka 等人设计超图自编码器学习大脑区域间的高阶关系，实现脑状态分类。Madine 等人设计了诊断自

闭症谱系障碍的超图神经网络，提出用无监督多核学习增强超图神经网络的学习能力。表
9-17描述了应用于化学和医疗的超图神经网络模型及其采用的数据集和评价指标。

表 9-17 应用于化学和医疗的超图神经网络模型及其采用的数据集和评价指标

| 模型 | 数据集 | 评价指标 |
|---|---|---|
| NHP-U | iJO1366，iAF1260b，USPTO | AUC，Recall@k |
| HCAE | ADNI GO | Accuracy |
| Hyper-SAGNN | GPS，MovieLens，Drug，Wordnet scHi-C | AUC，AUPR Micro-F，Macro-F1，ARI，AUPR |
| HUNet | ADNI GO，ABIDE | Accuracy，Sensitivity，Specificity |
| HGGAN | The 219 subjects from ADNI database | Accuracy，Sensitivity，Specificity |
| MRL-AHF | The 300 subjects from ADNI database | Accuracy，Sensitivity，Specificity，AUC |

## 9.5.7 交通机械

地理-语义-时间超图卷积网络 GST-HCN 用于预测交通流，利用地理-时间超图卷积
和语义-时间超图卷积，联合学习地理、语义和时间的高阶相关性。动态时空超图图卷积网
络(Dynamic Spatio-Temporal Hypergraph Graph Convolution network，DSTHGCN)用于
预测地铁客流，超图建模轨道交通数据，充分地考虑了地铁的拓扑结构和乘客出行方式的
多样化，设计超图卷积和时间卷积学习顶点的时空特征，进而提高预测性能。鉴于有向超
图可以同时刻画空间信息和有向关系，DHAT 采用了有向超图建模道路网络，基于有向超
图设计有向超图卷积挖掘交通序列之间的空间关系，并结合注意力机制实现有效地实现交
通预测。表 9-18 描述了应用于交通预测的超图神经网络模型及其采用的数据集和评价
指标。

表 9-18 应用于交通预测的超图神经网络模型及其采用的数据集和评价指标

| 模型 | 数据集 | 评价指标 |
|---|---|---|
| GST-HCN | Caltrans Performance Measurement System Dataset | MAPE，MAE，RMSE |
| DSTHGCN | BJMF1，HZMF19 | MAPE，MAE |
| DHAT | METR-LA，PEMS-BAY，PEMS-D4，PEMS-D8 | MAE，RMSE，MAPE |

化学机械抛光(Chemical Mechanical Planarization，CMP)是半导体行业中的一种关键
工艺，其表面平整度在很大程度上影响制造质量。材料去除率(Material Removal Rate，
MRR)在这个过程处于重要的地位。Xia 等人开发了一种基于时间的超图卷积网络，用于预

测 CMP 过程中的 MRR，通过超图卷积、超图注意力和 GRU 学习异构数据之间的相关性。

# 9.6 未来研究方向

近几年，在图神经网络和超图建模的优势的推动下，超图神经网络快速发展并取得显著的成果，但由于超图神经网络的研究还处于起步阶段，因此存在需要迫切解决的问题，并可将其作为进一步研究的方向。

## 9.6.1 超图建模方法

采用图建模数据在设计图神经网络时扮演着重要的角色，与图神经网络一样，构建超图在设计超图神经网络模型的过程中也具有重要的地位，会直接地影响模型性能。现有的超图神经网络利用超图建模数据间的高阶复杂关系，构建超图的常用方法有基于距离、基于表示、基于属性和基于网络的方法。然而，这些方法所构建出的超图结构是静态的，在学习的过程中没有随着顶点表示的更新而动态调整。虽然 DHGNN[a] 和 AHGCN 等模型中已经考虑到动态地构造超图，但是都有各自的局限性。如在加入新数据时需要重新训练等问题。现有的专门研究适用于超图神经网络的超图构造方法的工作比较少，故对于如何构造出有助于切实从结构上提升模型性能的超图十分必要。

## 9.6.2 深层超图神经网络

图神经网络关于深层模型的探索已取得令人鼓舞的成果，如 JK-Nets(Jumping Knowledge Networks)、DropEdge、GCNII 等。尽管这几年超图神经网络在各个领域都有广泛的应用，但它们大多是浅层模型。在不牺牲性能的前提下，关于深层模型的研究很少，如 ResMultiHGNN、DeepHGNN、UniGNN，其中 ResMultiHGNN 和 UniGCN 引入 GCNII 中的方法，将其直接地从图结构推广到超图上。DeepHGNN 提出用采样超边等方式加深网络，但它们局限于加深的模型有限，并未提出一个超图神经网络通用的深层框架。因此，在加深的过程中是否会遇到与加深 GNN 时相同的问题，如过拟合、过平滑等；是否会出现 GNN 中未遇到的其他问题；以及通过什么技术可以有效地缓解出现的问题。这些都需要在将来加以解决和研究。

## 9.6.3 超图神经网络的理论

现有的超图神经网络模型大多数都是显式或隐式地推广图神经网络模型到超图建模的数据上。图和超图刻画和表示数据相关性不同，但探讨现有超图神经网络模型的文献中涉及模型理论研究的很少。它们的重点放在具体任务中提升模型性能，很少有从理论的角度解释模型。超图除了拥有灵活的建模能力外，还具有其他属性和性质，因此，如何使用这些属性和性质构建更好的超图神经网络，如何将超图理论作为工具探究和解释模型也是值得研究的工作。

### 9.6.4　超图神经网络的深度应用

现实生活中存在很多关系复杂的网络，虽然现有超图神经网络的应用涉及社交网络、推荐系统、计算机视觉、自然语言处理、金融、生物化学和交通预测等，但在具体的每个领域中涉及的任务较少且单一。如，金融领域仅考虑了股票趋势预测的任务。因此，研究如何将超图神经网络深度应用于各个领域也十分有意义。

## 9.7　本 章 小 结

本章对现有的超图神经网络模型进行综述，首先全面回顾超图神经网络的研究历程。其次根据设计超图神经网络采用的方法不同对其进行分类，并详细地阐述代表性的模型。然后介绍了超图神经网络的应用领域。最后总结和探讨了超图神经网络的未来研究方向。

## 参 考 文 献

［1］　林晶晶，冶忠林，赵海兴，等. 超图神经网络综述［J/OL］. 计算机研究与发展：1-25［2023-10-24］. http://kns. cnki. net/kcms/detail/11. 1777. TP. 20230525. 1654. 004. html.

［2］　LECUN Y，BENGIO Y，H G. Deep learning［J］. Nature，2015，521（7553）：436 − 444.

［3］　HOCHREITER S，SCHMIDHUBER J. Long short-term memory［J］. Neural Computation，1997，9（8）：1735 − 1780.

［4］　CHUNG J，GÜLÇ EHRE Ç，CHO K，et al. Empirical evaluation of gated recurrent neural networks on sequence modeling［J］. arXiv：1412. 3555，2014.

［5］　XU B B，CEN K T，HUANG J J，et al. A survey on graph convolutional neural network［J］. Chinese Journal of Computers，2020，43（5）：755 − 780.

［6］　BRUN A J，ZAREMBA W，SZLAM A，et al. Spectral networks and locally connected networks on graphs［J］. arXiv：1312. 6203，2014.

［7］　MA S，LIU J W，ZUO X. Survey on graph neural network［J］. Journal of Computer Research 1and Development，2022，59（1）：47 − 80.

［8］　LI H，YAN M Y，LÜ Z Y，et al. Survey on graph neural network acceleration architectures［J］. Journal of Computer Research and Development，2021，58（6）：1204 − 1229.

［9］　VELICKOVIC P，CUCURULL G，CASANOVA A，et al. Graph attention networks[J]. arXiv：1710. 10903，2017.

[10] YE Z L，ZHAO H X，ZHU Y，et al. HSNR：A network representation learning algorithm using hierarchical structure embedding ［J］. Chinese Journal of Electronics，2019，29(6)：1141－1152.

[11] KIPF T N，WELLING M. Variational graph auto-encoders［J］. arXiv：1611. 07308，2016.

[12] ZHANG M H，CHEN Y X. Link prediction based on graph neural networks[C]. Proceedings of the 32nd International Conference on Neural Information Proceedings sensing Systems. 2018：5171－5181.

[13] YE Z L，ZHAO H X，ZHANG K C，et al. Tri-party deep network representation learning using inductive matrix completion[J]. Journal of Central South University，2019，26(10)：2746－2758.

[14] HAMAGUCHI T，OIWA H，SHIMBO M，et al. Knowledge transfer for out-of-knowledge-base entities：A graph neural network approach［J］. arXiv：1706. 05674，2017.

[15] MARCHEGGIANI D，BASTINGS J，TITOV I. Exploiting semantics in neural machine translation with graph convolution networks[C]. Proceedings of the 16th Annual Conference of the North American Chapter of the Association for Computational Linguistics. 2018：486－492.

[16] WU Z H，PAN S R，CHEN F W，et al. A comprehensive survey on graph neural networks[J]. IEEE Transactions on Neural Networks and Learning Systems，2019，32(1)：4－24.

[17] HAN Y，ZHOU B，PEI J，et al. Understanding importance of collaborations in co-authorship networks：A support iveness analysis approach[C]. Proceedings of the 9th SIAM International Conference on Data Mining. Philadelphia：Society for Industrial and Applied Mathematics. 2009：1112－1123.

[18] FENG Y F，YOU H X，ZHANG Z Z，et al. Hypergraph neural networks[C]. Proceedings of the 33rd AAAI Conference on Artificial International Intelligence，2019：3558－3565.

[19] YADATI N，NIMISHAKAVI M，YADAV P，et al. HyperGCN：A new method of training graph convolutional networks on hypergraphs[C]. Proceedings of the 33rd Neural Information Proceedings sensing Systems. 2019：1511－1522.

[20] CHEN C F，CHENG Z L，LI Z T，et al. Hypergraph attention networks[C]. Proceedings of the 19th International Conference on Trust，Security and Privacy in Computing and Communications (TrustCom). 2020：1560－1565.

[21] NONG L P，WANG J Y，LIN J M，et al. Hypergraph wavelet neural networks for 3D object classification[J]. Neuro computing，2021(463)：580－595.

[22] WANGJ L, DING K Z, HONG L J, et al. Next-item recommendation with sequential hypergraphs[C]. Proceedings of the 43rd International ACM SIGIR Conference on Research and Development in Information Retrieval, 2020: 1101 – 1110.

[23] CHEN X, XIONG K, ZHANG Y F, ET AL. Neural feature-aware recommendation with signed hypergraph convolutional network[J]. ACM Transactions on Information Systems (TOIS), 2020, 39(1): 1 – 22.

[24] ZHANG R C, ZOU Y S, MA JIAN. Hyper-SAGNN: A self-attention based graph neural network for hypergraphs[J]. arXiv: 1911. 02613, 2019.

[25] YADATI N, NITIN V, NIMISHAKAVI M, et al. NHP: Neural hypergraph link prediction[C]. Proceedings of the 29th ACM International Conference on Information & Knowledge Management, 2020: 1705 – 1714.

[26] ZHOU J, CUI G Q, HU S D, et al. Graph neural networks: A review of methods and applications[J]. AI Open, 2020, 1, 57 – 81.

[27] ZHOU F Y, JIN L P, DONG J. Review of convolution neural network[J]. Chinese Journal of Computers, 2017, 40(6): 1229 – 1251.

[28] ASIF N A, SARKER Y, CHAKRABORTTY P K, et al. Graph neural network: A comprehensive review on non-Euclidean space[J]. IEEE Access, 2021(9): 60588 – 60606.

[29] MALEKZADEH M, HAJIBABAEE P, HEIDARI M, et al. Review of graph neural network in text classification[C]. Proceedings of the 12th Annual Ubiquitous Computing, 2021: 84 – 91.

[30] WU S W, ZHANG W T, SUN F, et al. Graph neural networks in recommender systems: A survey[J]. arXiv: 2011. 02260, 2020.

[31] GAO Y, ZHANG Z H, LIN H H, et al. Hypergraph learning: Methods and practices[J]. IEEE Trans on Pattern Analysis and Machine International Intelligence, 2020, 44(5): 2548 – 2566.

[32] LI Y K, YANG W L, ZHOU B L, et al. Factorizable net: An efficient subgraph-based framework for scene graph generation[J]. arXiv: 1806. 11538, 2018.

[33] YAN S J, XIONG Y J, LIN D H. Spatial temporal graph convolutional networks for skeleton-based action recognition[C]. Proceedings of the 32nd AAAI Conference on Artificial International Intelligence. 2018: 7444 – 7452.

[34] WANG Y, SUN Y B, LIU Z W, et al. Dynamic graph cnn for learning on point International clouds[J]. ACM Transactions on Graphics (TOG), 2019, 38(5): 1 – 12.

[35] BASTINGS J, TITOV I, AZIZ W, et al. Graph convolutional encoders for syntax-aware neural machine translation[C]//Proceedings of the 2017 Conference on

Empirical Methods in Natural Language Proceedings sensing, 2017: 1957 - 1967.

[36] BECK D, HAFFARI G, COHN T. Graph-to-sequence learning using gated graph neural networks[C]. Proceedings of the 56th Annual Meeting of the Association for Computational Linguistics. 2018: 273 - 283.

[37] YU T, YIN H T, ZHU Z X. Spatio-temporal graph convolutional networks: A deep learning framework for traffic forecasting [C]. Proceedings of the 27th International Joint International Conference on Artificial International Intelligence. 2018: 3634 - 3640.

[38] GUO S G, LIN Y F, FENG N. Attention based spatial-temporal graph convolutional networks for traffic flow forecasting[C]. Proceedings of the 33rd AAAI Conference on Artificial International Intelligence. 2019: 922 - 929.

[39] ZHENG C P, FAN X L, WANG C, et al. GMAN: A graph multi-attention network for traffic prediction[C]. Proceedings of the 34th AAAI Conference on Artificial International Intelligence, 2020: 1234 - 1241.

[40] YING R, HE R N, CHEN K F, et al. Graph convolutional neural networks for web-scale recommender systems [C]. Proceedings of the 24th ACM SIGKDD International Conference on Knowledge Discovery & Data Mining, 2018: 974 - 983.

[41] FAN W Q, MA Y, LI Q, et al. Graph neural networks for social recommendation [C]. Proceedings of the 19th World Wide Web Conference, 2019: 417 - 426.

[42] WU Q T, ZHANG H R, GAO X F, et al. Dual graph attention networks for deep latent representation of multifaceted social effects in recommender systems[C]. Proceedings of the 19th World Wide Web, 2019: 2091 - 2102.

[43] ZITNIK M, AGRAWAL M, LESKOVEC J. Modeling polypharmacy side effects with graph convolutional networks[J]. Bioinformatics, 2018, 34(13): 457 - 466.

[44] XU N, WANG P H, CHEN L, et al. MR-GNN: Multi-resolution and dual graph neural network for predicting structured entity International Interactions [C]. Proceedings of the 28th International Joint International Conference on Artificial International Intelligence. 2019: 3968 - 3974.

[45] ZHANG Y B, WANG N, CHEN Y F, et al. Hypergraph label propagation network[C]. Proceedings of the 34th AAAI Conference on Artificial International Intelligence, 2020: 6885-6892. Do K, Tran T, Venkatesh S. Graph transformation policy network for chemical reaction prediction[C]. Proceedings of the 25th ACM SIGKDD International Conference on Knowledge Discovery & Data Mining, 2019: 750 - 760.

[46] SCHLICHTKRULL M, KIPF T, BLOEM P, et al. Modeling relational data with graph convolutional networks [C]. Proceedings of the European Semantic Web Conference, 2018: 593 - 607.

[47] CHAO S, TANG Y, HUANG J, et al. End-to-end structure-aware convolutional networks for knowledge base completion[C]. Proceedings of the 33rd AAAI Conference on Artificial International Intelligence, 2019: 3060 – 3067.

[48] ZHANG F J, LIU X Y, TANG J, et al. OAG: Toward linking large-scale heterogeneous entity graphs[C]//Proceedings of the 25th ACM SIGKDD International Conference on Knowledge Discovery & Data Mining, 2019: 2585 – 2595.

[49] HAN J L, CHENG B, WANG X. Two-phase hypergraph based reasoning with dynamic relations for multi-hop KBQA[C]. Proceedings of the 29th International Joint International Conference on Artificial International Intelligence, 2021: 3615 – 3621.

[50] YADATI N, GAO T, ASOODEH S, et al. Graph neural networks for soft semi-supervised learning on hypergraphs[C]. Proceedings of the 25th Pacific-Asia Conference on Knowledge Discovery and Data Mining, 2021: 447 – 458.

[51] JIANG J W, WEI Y X, FENG Y F, et al. Dynamic hypergraph neural networks [C]. Proceedings of the 28th International Joint International Conference on Artificial International Intelligence. 2019: 2635 – 2641.

[52] WU X P, CHEN Q C, LI W, et al. AdaHGNN: Adaptive hypergraph neural networks for multi-Label image classification[C]. Proceedings of the 28th ACM International Conference on Multimedia, 2020: 284 – 293.

[53] FU J, HOU C B, ZHOU W, et al. Adaptive hypergraph convolutional network for no-reference 360-degree image quality assessment[C]. Proceedings of the 30th ACM International Conference on Multimedia, 2021: 961 – 969.

[54] ZHANG R C, ZOU Y S, MA JIAN. Hyper-SAGNN: A self-attention based graph neural network for hypergraphs[J]. arXiv: 1911. 02613, 2019.

[55] KIM E S, KANG W Y, ON K W, et al. Hypergraph attention networks for multimodal learning[C]. Proceedings of 2020 IEEE/CVF Conference on Computer Vision and Pattern Recognition. 2020: 14569 – 14578.

[56] DING K Z, WANG J L, LI J D, et al. Be more with less: Hypergraph attention networks for inductive text classification[C]. Proceedings of the 2020 Conference on Empirical Methods in Natural Language Proceedings sensing, 2020: 4927 – 4936.

[57] PAN J R, LEI B Y, SHEN Y Y, et al. Characterization multimodal connectivity of brain network by hypergraph GAN for Alzheimer's disease analysis[C]. Proceedings of the 4th Chinese Conference on Pattern Recognition and Computer Vision, 2021: 467 – 478.

[58] ZUO Q K, LEI B Y, SHEN Y Y, et al. Multimodal representations learning and adversarial hypergraph fusion for early Alzheimer's disease prediction[C].

Proceedings of the 4th Chinese Conference on Pattern Recognition and Computer Vision, 2021: 479 – 490.

[59] JI S Y, FENG Y F, JI R G, et al. Dual channel hypergraph collaborative filtering [C].

[60] YU J L, YIN H Z, LI J D, et al. Self-supervised multi-channel hypergraph convolutional network for social recommendation [C]. Proceedings of the 21st World Wide Web, 2021: 413 – 424.

[61] SAWHNEY R, AGARWAL S, WADHWA A, et al. Spatiotemporal hypergraph convolution network for stock movement forecasting [C]. Proceedings of the 2020 IEEE International Conference on Data Mining, 2020: 482 – 491.

[62] WANG K S, CHEN J, LIAO S J, et al. Geographic-semantic-temporal hypergraph convolution network for traffic flow prediction [C]. Proceedings of the 25th International Conference on Pattern Recognition, 2021: 5444 – 5450.

[63] PORTER M A, ONNELA J P, MUCHA P J. Communities in networks [J]. Notices of the AMS, 2009, 56(9): 1082 – 1097.

[64] KAPOOR K, SHARMA D, SRIVASTAVA J. Weighted node degree centrality for hypergraph [C]. Network Science Workshop, 2013: 152 – 155.

[65] BRUNA J, ZAREMBA W, SZLAM A, et al. Spectral networks and locally connected networks on graphs [J]. arXiv: 1312. 6203, 2014.

[66] KIPF T N, WELLING M. Semi-supervised classification with graph convolutional networks [J]. arXiv: 1609. 02907, 2017.

[67] ZHOU D Y, HUANG J Y, SCHÖLKOPF B. Learning with hypergraphs: clustering, classification, and embedding [C]. International Conference on Neural Information Proceedings sensing Systems, 2006: 104 – 113.

[68] SONG B, ZHANG F H, TORR P H S. Hypergraph convolution and hypergraph attention [J]. Pattern Recognition, 2021(110), 107637.

[69] HUANG J, HUANG X L, YANG J. Residual enhanced multi-hypergraph neural network [C]. Proceedings of the 2021 IEEE International Conference on Image Proceedings sensing, 2021: 3657 – 3661.

[70] MA X Q, LIU W F, LI S Y, et al. Hypergraph p-Laplacian regularization for remotely sensed image recognition [J]. IEEE Transactions on Geoscience and Remote Sensing, 2019, 57(3): 1585 – 1595.

[71] FU S C, LIU W F, ZHOU Y C, et al. HpLapGCN: Hypergraph p-Laplacian graph convolutional networks [J]. Neuro computing, 2019(362): 166 – 174.

[72] LOSTAR M, REKIK I. Deep hypergraph U-Net for brain graph embedding and classification [J]. arXiv: 2008. 13118, 2020.

[73] SUN X G, YIN H Z, LIU B, et al. Heterogeneous hypergraph embedding for

graph classification[C]. Proceedings of the 14th ACM International Conference on Web Search and Data Mining，2021：725 - 733.

[74] DONNAT C, ZITNIK M, HALLAC D, et al. Learning structural node embedding via diffusion wavelets[J]. arXiv：1710. 10321，2018.

[75] XUE H S, YANG L W, RAJAN V, et al. Multiplex bipartite network embedding using dual hypergraph convolution networks[C]. Proceedings of the 21st World Wide Web，2021：1649 - 1660.

[76] WU L G, WANG D L, SONG K S, et al. Dual-view hypergraph neural networks for attributed graph learning[J]. Knowledge-Based Systems，2021，227，107185.

[77] TRAN L H, TRAN L H. Directed hypergraph neural network[J]. arXiv：2008. 03626，2020.

[78] LUO X Y, PENG J H, LIANG J. Directed hypergraph attention network for traffic forecasting[J]. IET International Intelligent Transport Systems，2022，16(1)：85 - 98.

[79] ZHANG J Y, CHEN Y Z, XIAO X, et al. Learnable hypergraph laplacian for hypergraph learning[C]. Proceedings of the 2022 IEEE International Conference on Acoustics，Speech and Signal Proceedings sensing，2022：4503 - 4507.

[80] CHAN T H, LIANG Z B. Generalizing the hypergraph Laplacian via a diffusion Proceeding with mediator s[C]. Proceedings of the 24th International Computing and Combinatorics Computing and Combinatorics，2020：441 - 453.

[81] HOU R, SMALL M, FORREST A R R. Community detection in a weighted directed hypergraph representation of cell-to-cell communication networks [J/OL]. bioRxiv，2020[2021-03-01]. https：//doi. org/10. 1101/ 2020. 11. 16. 381566.

[82] YANG C Q, WANG R J, YAO S C, et al. Hypergraph learning with line expansion[J]. arXiv：2005. 04843，2020.

[83] LUO X Y, PENG J H, LIANG J. Directed hypergraph attention network for traffic forecasting[J]. IET International Intelligent Transport Systems，2022，16(1)：85 - 98.

[84] SUN X G, YIN H Z, LIU B, et al. Multi-level hyperedge distillation for social linking prediction on sparsely observed networks[C]//Proceedings of the 21st World Wide Web Conference，2021：2934 - 2945.

[85] XIA L Q, ZHENG P, HUANG X, et al. A novel hypergraph convolution network-based approach for predicting the material removal rate in chemical mechanical planarization[J]. Journal of International Intelligent Manufacturing，2021，33(8)：2295 - 2306.

[86] WANG J C, ZHANG Y, WEI Y, et al. Metro passenger flow prediction via dynamic hypergraph convolution networks[J]. IEEE Transactions on International

Intelligent Transportation Systems，2021，22(12)：7891 – 7903.

[87] TUDISCO F，PROKOPCHIK K，BENSON A R. A nonlinear diffusion method for semi-supervised learning on hypergraphs[J]. arXiv：2103. 14867，2021.

[88] CHAMI I，REXY，RÉ C，et al. Hyperbolic graph convolution neural networks[J]. arXiv：1910. 12933，2019.

[89] JO J，BAEK JI，LEE S，et al. Edge representation learning with hypergraphs[J]. arXiv：2106. 15845，2021.

[90] LIU B H，ZHAO P P，ZHUANG F Z，et al. Knowledge-aware hypergraph neural network for recommender systems[C]. Proceedings of the 26th International Conference on Database Systems for Advanced Applications，2021：132 – 147.

[91] SRINIVASAN B，ZHENG DA，KARYPIS G. Learning over families of sets-hypergraph representation learning for higher order tasks[J]. arXiv：2101. 07773v1，2021.

[92] CHEN M，WEI Z W，HUANG Z F，et al. Simple and deep graph convolutional networks[C]. Proceedings of the 37th International Conference on Machine Learning，2020：1725 – 1735.

[93] BAI J J，GONG B，ZHAO Y N，et al. Multi-scale representation learning on hypergraph for 3D shape retrieval and recognition[J]. IEEE Transactions on Image Proceeding sensing，2021，30，5327 – 5338.

[94] LIN J J，YE Z L，ZHAO H X，et al. DeepHGNN：A novel deep hypergraph neural network[J]. Chinese Journal of Electronics，2022，31(5)：958 – 968.

[95] PAYNE J. Deep hyperedges：A framework for transductive and inductive learning on hypergraphs[J]. arXiv：1910. 02633，2019.

[96] YADATI N. Neural message passing for multi-relational ordered and recursive hypergraphs[C]//Proceedings of the 34th International Conference on Neural Information Proceeding sensing Systems，2020：3275 – 3289.

[97] GILMER J，SCHOENHOLZ S S，RILEY P F，et al. Neural message passing for quantum chemistry[C]. Proceedings of the 34th International Conference on Machine Learning，2017：1263 – 1272.

[98] HUANG J，YANG J. UniGNN：A unified framework for graph and hypergraph neural networks[C]. Proceedings of the 30th International Joint International Conference on Artificial International Intelligence，2021：2563 – 2569.

[99] ARYA D，GUPTA D K，RUDINAC S，et al. HyperSAGE：Generalizing inductive representation learning on hypergraphs[J]. arXiv：2010. 04558，2020.

[100] HAMILTON W L，YING R，JURE L. Inductive representation learning on large graphs[C]. Proceedings of the 31st International Conference on Neural Information Proceedings sensing Systems，2017：1025 – 1035.

[101] DU B X, YUAN C H, ROBERT B, et al. Hypergraph pre-training with graph neural networks[J]. arXiv: 2105. 10862, 2021.

[102] MALEKI S, WALL D P, PINGALI K. NetVec: A dcalable hypergraph embedding system[J]. arXiv: 2103. 09660v1, 2021.

[103] CHIEN E, PAN C, PENG J H, et al. You are AllSet: A multiset function framework for hypergraph neural networks[J]. arXiv: 2106. 13264, 2021.

[104] WADHWA G, DHALL A, MURALA S, et al. Hyperrealistic image inpainting international with hypergraphs [C]. Proceedings of the 2021 IEEE Wint International Conference on Applications of Computer Vision, 2021: 3911 – 3920.

[105] MA Z T, JIANG Z G, ZHANG H P. Hyperspectral image classification using spectral-spatial hypergraph convolution neural network[J]. SPIE Remote Sensing, 2021, 118620I.

[106] YAN Y C, QIN J, CHEN J X, et al. Learning multi-granular hypergraphs for video-based person re-identification [C]. Proceedings of the 2020 IEEE/CVF Conference on Computer Vision and Pattern Recognition, 2020: 2896 – 2905.

[107] YANG H, JIAO S J, YIN F D. Multilabel Image Classification Based Fresh Concrete Mix Proportion Monitoring Using Improved Convolution Neural Network [J]. Sensors, 2020, 20(16), 4638.

[108] DANG N T V, TRAN L H, TRAN L H. Noise-robust classification with hypergraph neural network[J]. arXiv: 2102. 01934, 2021.

[109] ZHENG W B, YAN L, GOU C, et al. Two heads are better than one: Hypergraph-enhanced graph reasoning for visual event ratiocination [C]. Proceedings of the 38th International Conference on Machine Learning, 2022: 12747 – 12760.

[110] ZHAO W H, ZHANG J Y, YANG J C, et al. A novel Joint International biomedical event extraction framework via two-level modeling of documents[J]. Information Sciences, 2021(550): 27 – 40.

[111] YADATI N, DAYANIDHI R, VAISHNAVI S, et al. Knowledge base question answering through recursive hypergraphs[C]. Proceedings of the 16th Conference of the European Chapter of the Association for Computational Linguistics, 2021: 448 – 454.

[112] HAN J L, CHENG B, WANG X. Open domain question answering based on text enhanced knowledge graph with hyperedge infusion[C]. Proceedings of the 2020 Findings of the Association for Computational Linguistics, 2020: 1475 – 1481.

[113] FATEMI B, TASLAKIAN P, VáZQUEZ D, et al. Knowledge hypergraphs: Prediction beyond binary relations[C]. Proceedings of the 29th International Joint International Conference on Artificial International Intelligence, 2020: 2191

– 2197.

[114] MILLER A, FISCH A, DODGE J, et al. Key-value memory networks for directly reading documents[C]. Proceedings of the 2016 Conference on Empirical Methods in Natural Language Proceedings sensing, 2016: 1400 – 1409.

[115] SUN HAITIAN, DHINGRA B, ZAHEER M, et al. Open domain question answering using early fusion of knowledge bases and text[J]. arXiv: 1809. 00782, 2018.

[116] HOU R, SMALL M, FORREST A R R. Community detection in a weighted directed hypergraph representation of cell-to-cell communication networks [J/OL]. https: //doi. org/10. 1101/ 2020. 11. 16. 381566.

[117] DONGEN S V. Graph clustering by flow simulation [D]. Amsterdam: Center for Math and Computer Science, 2000.

[118] BLONDEL V D, GUILLAUME J L, LAMBIOTTE R, et al. Fast unfolding of communities in large networks[J]. Journal of Statistical Mechanics: Theory and Experiment, 2008, 2008(10), 10008.

[119] LOSTAR M, REKIK I. Deep hypergraph U-Net for brain graph embedding and classification[J]. arXiv: 2008. 13118, 2020.

[120] BANKA A, BUZI I, REKIK I. Multi-view brain hyperconnectome autoencoder for brain state classification[C]. Proceedings of the 3rd International Workshop of Predictive International Intelligence in Medicine, 2020: 101 – 110.

[121] MADINE M M, REKIK I, WERGHI N. Diagnosing autism using T1-W MRI with multi-kernel learning and hypergraph neural network[C]. Proceedings of the 2020 IEEE International Conference on Image Proceedings sensing, 2020: 438 – 442.

[122] XIA L Q, ZHENG P, HUANG X, et al. A novel hypergraph convolution network-based approach for predicting the material removal rate in chemical mechanical planarization[J]. Journal of International Intelligent Manufacturing, 2021, 33(8): 2295 – 2306.

[123] XU K Y L, LI C T, TIAN Y L, et al. Representation learning on graphs with jumping knowledge networks [C]. Proceedings of the 35th International Conference on Machine Learning, 2018: 5453 – 5462.

[124] YU R, HUANG W B, XU T Y, et al. DropEdge: Towards deep graph convolutional networks on node classification[J]. arXiv: 1907. 10903, 2020.

# 第十章

# 自适应超图神经网络

目前大多数超图神经网络结构中需要人工定义消息聚合函数，缺乏灵活性和自主性。同时，重要的神经网络结构也需要人工定义，需要不断设计和调整。此外，大多数超图神经网络忽略其他关系形式的特征，使用单通道模型未充分发挥不同算法的优势，导致特征学习和共建的过程缺失。因此，自适应超图神经网络提供了一种更好的网络结构建模方式，为超图神经网络研究提供了新的方向。

## 10.1 概　　述

自适应超图神经网络是一种基于超图结构的深度学习模型，它在传统神经网络的基础上引入了自适应学习的理论概念和方法。自适应超图神经网络通过将超图的节点和边作为输入，利用多层神经网络模型进行自适应的特征学习和推断。与传统神经网络只能处理固定的图结构或者神经网络模型框架不同，自适应超图神经网络能够自动适应地根据超图结构调整模型的学习策略，从而更好地捕捉输入数据的内在关系和特征。

自适应超图神经网络是指通过自动化的方式来搜索最优的神经网络结构和网络结构特征，以提高深度学习模型的性能和效果。传统的神经网络结构通常是由人工设计或经验选择的，但这种方式存在着局限性，很难找到最优的结构和特征输入。而自适应超图神经网络的目标是通过算法和搜索空间的定义，自动地找到最佳的神经网络结构。

自适应超图神经网络通常包含聚合机制自适应的超图神经网络、特征自适应的超图神经网络、通道自适应的超图神经网络、结构自适应超图神经网络等。

聚合机制自适应的超图神经网络用于处理超图数据，通过自适应的聚合机制或者聚合函数，可以有效地处理超图中的复杂关系和多重连接。该模型能够自动学习超图中节点之间的关联性，并通过自动学习得到的最优聚合操作，将这些信息传递给下一层网络。这种自适应的聚合机制使得模型能够更好地捕捉超图中的特征和结构，提高了对超图数据的建模能力。

特征自适应的超图神经网络用于处理超图数据，通过自适应的特征选择机制，能够自动学习和选择超图中最具有代表性的特征。该模型能够根据超图中节点的重要性和上下文信息，动态地调整特征权重，从而更好地捕捉超图的结构和关系。这种特征自适应的建模机制使得模型能够更精确地表达超图数据，提高了超图神经网络与超图结构的建模能力。

通道自适应的超图神经网络通过自适应的通道选择机制，可以根据超图中节点的上下文信息，动态地选择通道，调整通道权重，从而更好地捕捉超图的结构和关系，提高了模型在不同的通道建模超图结构数据的能力，使其能够更准确地表达超图的特征和属性。

结构自适应超图神经网络的过程通常包括以下几个步骤：

（1）定义搜索空间。首先需要定义超图神经网络结构的搜索空间，包括网络层数、每层的神经元数目、激活函数、连接方式等。搜索空间的定义将决定搜索的范围和复杂度。

（2）评估和选择。在搜索空间中，通过评估不同神经网络结构的性能指标，如准确率、损失函数等，来确定哪些结构是较优的。评估可以使用交叉验证、验证集等方式进行。

（3）搜索算法。为了在搜索空间中找到最佳的超图神经网络结构，需要使用搜索算法，如遗传算法、强化学习、贝叶斯优化等。这些算法可以根据评估结果来调整和更新搜索空间，以逐步优化超图神经网络结构。

（4）结构优化。在搜索过程中，可以采用结构优化改善超图神经网络的泛化能力。例如，可以使用正则化方法来减少过拟合，或者添加额外的连接来增加网络的表达能力。

自适应超图神经网络建模是一个复杂的过程，需要充分考虑搜索空间的定义、评估和选择的准则、搜索算法的选择等因素。它可以帮助我们自动地找到最佳的神经网络结构，提高模型的性能和泛化能力。自适应超图神经网络在许多领域都具有广泛的应用，包括计算机视觉、自然语言处理、推荐系统等。它能够处理复杂的关系和交互模式，从而在这些领域中取得更好的性能和效果。

# 10.2　几类自适应超图神经网络的研究方向

**1. 聚合机制自适应的超图神经网络的研究方向**

（1）研究为不同类型的超图结构赋予不同类型的节点消息聚合机制，提升建模机制从不同结构中学习到不同类型结构特征的能力，即研究输入特征无关的自适应节点消息聚合机制。

（2）研究在特征自适应的超图神经网络、通道自适应的超图神经网络中如何嵌入聚合机制自适应方法，使其为后续的研究提供架构和框架，提升后续研究任务在机器学习任务中的性能。

**2. 特征自适应的超图神经网络的研究方向**

（1）基于深度神经网络技术注意力机制，研究如何设计和架构特征自适应的超图神经网络，将节点与超边之间的 5 类多关系、3 类转换后结构、超图采样后的视图特征嵌入到参数共享、特征互补、动态调整权重的多关系特征自适应建模机制与框架中。

（2）基于现有超图神经网络技术，研究关系级别的注意力机制与参数共现机制，使得超图节点的标签信息在超图神经网络建模过程中自适应地调整权重，也使得不同节点间可以实现特征共享，不同的建模通道既相互独立，又相互配合与特征共享，从而发现超图结构数据中与任务具有最强相关性的特征。

**3. 通道自适应的超图神经网络的研究方向**

（1）研究如何基于通道自适应的超图神经网络模型，将 5 类关系特征、转化所得二部图、线图、2-section 图、超图采样后的视图特征等采用神经网络中的多通道建模技术进行统一联合建模，解决传统单通道图神经网络基于单视图特征进行建模时，其建模过程受限于输入图的结构特征问题。

（2）研究多通道超图神经网络中的参数共享机制，使得不同类型的结构特征相互学习，特征互补。

（3）为了摒弃和抑制建模过程中对模型贡献度较差的结构特征，研究适用于多通道的通道级别注意力机制，该机制在结构稀疏的超图数据上效果更佳。

**4. 基于无监督自适应特征选择的超图神经网络的研究方向**

（1）研究如何利用无监督的方式进行特征选择，即在超图神经网络建模过程中自适应地选择特征，其主要步骤为：

① 从原始训练数据的低维空间构造相似度矩阵；

② 对低维训练数据的协方差矩阵施加正交约束以保持其全局结构；

③ 利用范数稀疏性约束来降低特征的维数。

（2）研究如何在子空间学习的基础上联合特征选择进行学习，同时利用两种方式对不同空间的特征进行降维。

（3）研究一种新的优化方法对每个分量进行调整，从而从低维训练数据中学习相似度矩阵，输出可靠的、信息丰富的特征信息。

**5. 用于 3D 对象分类的自适应超图卷积神经网络的研究方向**

（1）研究一种自适应超图卷积神经网络框架来探索 3D 数据之间的高阶和多模态相关性，以提高 3D 对象分类性能；为了解决现有网络依赖于超边约束邻域进行特征聚合，可能会引入噪声或忽略超边之外的信息问题，因此首先进行随机游走，用于从超图中捕获最优邻域，然后给出一个新的超图卷积算子，从优化的高阶相关性中学习深层次特征。

（2）研究一种简单有效的动态加权策略来整合多模态表示，使其中每个模态的重要性都可以通过损失函数进行自适应调整，克服了目前的多模态超图学习模型要么平等处理所有模态，要么引入大量参数来学习不同模态的权值的缺点。

# 10.3　自适应超图神经网络技术方案

**1. 聚合机制自适应的超图神经网络技术方案**

基于聚合机制自适应的超图神经网络的核心思想是学习一个对邻居节点进行特征聚合的函数，从而得到中心节点的表示向量，其不是学习中心节点本身的表示向量。

本方案拟提出一类自适应节点消息聚合机制，用于学习中心节点周边邻居节点表示向量在节点特征聚合过程中的聚合机制，其机制如图 10-1 所示。

本方案提出的聚合机制自适应的超图神经网络摒弃传统的节点消息聚合机制。传统的节点消息聚合机制是将邻居节点的特征加权聚合到中心节点，该加权值可通过注意力机制

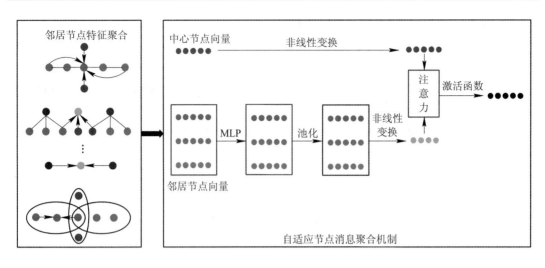

图 10-1　聚合机制自适应的超图神经网络架构

实现，但是邻居节点表示向量未得到更新。

　　本方案提出的自适应节点消息聚合机制采用神经网络框架，动态自适应地学习邻居节点的表示向量以及权重信息。为了实现自适应的聚合过程，给出了如下消息传递公式：

$$h_v^u = \max\Big(\sum_{u \in N(v) \bigcup \{v\}} \alpha_{v,u}(\sigma(\boldsymbol{W}h_u^{k-1}+b)+\sigma(h_v^{k-1})),\ \forall u \in N(v),k>0\Big) \quad (10-1)$$

其中，$h_v^k$ 为节点在第 $k$ 层的表示向量，$h_u^{k-1}$ 为节点在上一层中神经网络中的表示向量，$b$ 为偏置，$\sigma$ 为非线性激活函数，$\alpha_{v,u}$ 为中心节点，表示向量与邻居节点表示向量之间的注意力权重。该注意力权重 $\alpha_{v,u}$ 计算如下：

$$\alpha_{v,u} = \frac{\exp(\text{LeakyReLU}(\sigma(\boldsymbol{W}h_u^{k-1}+b) \parallel \sigma(h_v^{k-1})))}{\sum\limits_{u \in N(v) \bigcup \{v\}} \exp(\text{ReakyReLU}(\sigma(\boldsymbol{W}h_u^{k-1}+b)+ \parallel \sigma(h_v^{k-1})))} \quad (10-2)$$

　　如式(10-1)所描述，聚合机制自适应方法是先把所有邻居节点的特征向量传入一个MLP层，然后使用池化操作，其后，将中心节点的表示向量与邻居节点的表示向量经过非线性变换后，再使用注意力机制进行聚合。该方法无需关心邻居节点是如何聚合到中心节点的，如求和、求平均、去最大、拼接等方式，而是采用神经网络结构动态自适应地学习邻居节点之间的聚合方式，每个中心节点的邻居节点在聚合的过程中得到的参数均不一样，因此才能针对每个中心节点的特征，自适应地聚合最佳的邻居节点特征。对于5类超图转化结构形式、3类节点与超边关系形式、超图采样后的视图特征，本方案提出的聚合机制自适应的超图神经网络结构均能将自适应节点消息聚合机制建模与输入特征建模同时进行。

　　**2. 特征自适应的超图神经网络技术方案**

　　节点与超边之间的复杂多关系形式包含：节点与节点之间的关系(一阶节点关系、二阶节点关系)、节点与超边之间的关系(内部节点之间有连边的情形、内部节点之间无连边的情形)、超边与超边之间的关系，共计5类关系形式。节点与超边之间的复杂多结构形式为超图的多种转换结构形式，具体为将超图转换为二部图、线图、2-section图等3类转换后结构形式。但是，超图的转换形式不仅仅只有上述的形式，还可以通过超图采样得到多种子图形式。

　　特征自适应的超图神经网络架构如图 10-2 所示，包含主要建模节点与超边之间的 5 类关系特征、超图转化后的 3 类结构特征、超图采样后的视图特征等，其中关系特征和结构特征通过特征视图生成器计算得到。选取合适的特征视图是特征自适应超图神经网络的核心，本质是图数据增广。目前大多数特征预训练方法采用预定义的特征视图，常用的操作是删除节点和超边等，该类操作方法往往无法适用于新的输入，也无法较好地保持原图的结构特征。本算法中，提出了超图采样算法，为特定输入数据学习不同的特征视图，从而优化模型建模过程和丰富特征输入。

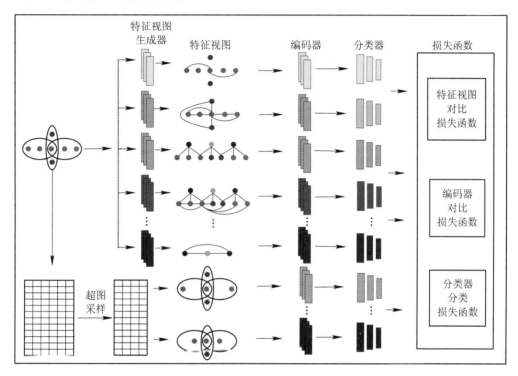

图 10-2　特征自适应的超图神经网络架构

　　为了自适应地训练不同特征，特征自适应的超图神经网络为每一类特征单独采用编码器进行建模和训练，同时，单独配置分类器。传统的方法是将学习得到的节点表示向量通过注意力机制加权后进行拼接，本算法创新性地提出了新的学习框架，引入了特征视图对比损失函数 $L_{SL}$、编码器对比损失函数 $L_{EL}$ 和分类器分类损失函数 $L_{CL}$。最终，给出了如下的损失函数：

$$L = L_{SL} + L_{EL} + L_{CL} \tag{10-3}$$

式中，$L_{SL}$ 主要是为了建模多关系特征、转换后结构特征和采样后的特征视图，尤其是对于采样后的超图特征视图，$L_{SL}$ 的目标是使生成的特征视图之间的相似性越小越好，如果两个生成的特征视图相似性很高，则说明两个特征视图之间具有高度重合的结构；$L_{EL}$ 主要是为了建模编码器，本算法中，其为每一类的输入特征单独采用编码器建模结构特性，因此，$L_{EL}$ 的目标是充分地建模其结构特征，使得后续的 $L_{CL}$ 最小化；$L_{CL}$ 主要用来衡量预测的标签和真实标签之间的损失，因此，该值越小说明模型的建模能力越强。

### 3. 通道自适应的超图神经网络技术方案

通道自适应的超图神经网络架构如图 10-3 所示，包含主要建模超网络转化而成的结构形式、节点与超边之间的 5 类关系、超图采样后的视图特征等，通过参数共享与特征互补，弥补因特征形式单一而导致超图神经网络鲁棒性较差的缺陷。同时，采用这种形式，还可以使得超图神经网络不仅从原始的超图结构上学习到节点与超边的结构信息，还可以从超图的转化结构上学习到节点与超图的结构信息，从而通过结构补充与关系优化，丰富超图神经网络建模过程。此外，这种方案还为不同的超图结构与关系形式设计自适应节点信息聚合机制，优化建模过程。

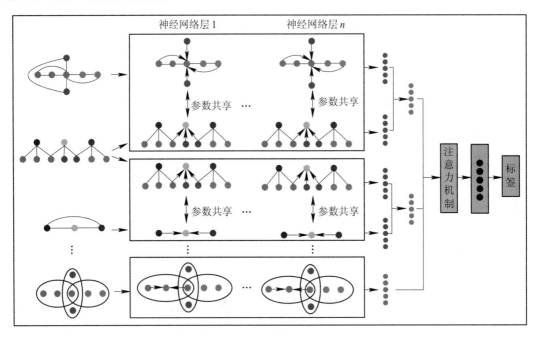

图 10-3　通道自适应的超图神经网络架构

通道自适应的超图神经网络需要集成和融合多个通道中学习得到的节点特征，因此，每个通道中的特征更新函数为

$$H_{(1)}^{l+1} = \sigma(\widetilde{P} H_{(1)}^{(l)} W^{(l)}) + H_{(1)}^{(l)}, \quad l = 2, 3, \cdots \tag{10-4}$$

$$H_{(2)}^{l+1} = \sigma(\widetilde{P} H_{(2)}^{(l)} W^{(l)}) + H_{(2)}^{(l)}, \quad l = 2, 3, \cdots \tag{10-5}$$

$$\vdots$$

$$H_{(n)}^{l+1} = \sigma(\widetilde{P} H_{(n)}^{(l)} W^{(l)}) + H_{(n)}^{(l)}, \quad l = 2, 3, \cdots \tag{10-6}$$

最后将双通道中传播的节点特征信息融合生成基于混合特征的概率矩阵 $H_{\text{multi-channel}}^{l+1}$，并作为 MLP 的输入应用于节点分类任务。

$$H_{\text{multi-channel}}^{l+1} = \text{att}(H_{(1)}^{(l+1)}, H_{(2)}^{(l+1)}, \cdots, H_{(n)}^{(l+1)}) \tag{10-7}$$

$$Z_{\text{multi-channel}} = \sigma(W^{(F)} H_{\text{multi-channel}}^{(l+1)}) + b \tag{10-8}$$

其中，att(·)是注意力操作，$W^{(F)}$是权重矩阵，$b$ 是偏置项，$Z_{\text{multi-channel}}$ 是节点在不同标签下的概率矩阵。

### 4. 基于无监督自适应特征选择的超图神经网络技术方案

#### 1) 超图学习

为了解决传统的图学习的局限性，使用超图来保持训练数据的高阶结构很有必要，因为超图更能捕获更复杂的关系。用 $G=(V,E,w)$ 表示超图，其中 $V=\{v_i\}$，$E=\{e_i\}$，分别表示节点和超边的集合，$w=\{w_i\}$ 表示超边的权重。

首先，构造关联矩阵来衡量点-超边之间的关系：

$$\boldsymbol{H}(v_i,e_j)=\begin{cases}1, & v_i \in e_j \\ 0, & \text{其他}\end{cases} \tag{10-9}$$

而 $e_i$ 为

$$e_i=\{v_j \mid \theta(x_i,x_j)\leqslant 0.1\sigma_i\}, \quad i,j=1,\cdots,n \tag{10-10}$$

其中 $\theta(x_i,x_j)$ 表示 $x_i$ 和 $x_j$ 之间的相似性度量，$\sigma_i$ 表示 $x_i$ 和其他每个样本之间的平均相似度。

其次，设定衡量超边重要性的权重向量 $w$。使用上一步所得到的关联矩阵 $\boldsymbol{H}$ 和训练数据来学习每个超边的重要性。

最后，超图的归一化拉普拉斯矩阵为

$$\boldsymbol{L}=\boldsymbol{I}-\boldsymbol{D}_v^{-\frac{1}{2}}\boldsymbol{H}\boldsymbol{W}\boldsymbol{D}_e^{-1}\boldsymbol{H}^{\mathrm{T}}\boldsymbol{D}_v^{\frac{1}{2}} \tag{10-11}$$

其中，$\boldsymbol{I}$ 是一个 $n$ 阶的单位矩阵，$\boldsymbol{D}_e$、$\boldsymbol{D}_v$、$\boldsymbol{W}$ 分别是 $\delta=\{\delta(e_i)\}$、$d=\{d(v_j)\}$、$w=\{w(e_i)\}$ 的对角矩阵。$\delta(e_i)$、$d(v_j)$、$w(e_i)$ 用来分别衡量超边的度、节点的度和超边的权重。为了使用保留局部结构，将构造出如下的目标函数：

$$\min_{\boldsymbol{S}^{\mathrm{T}}\boldsymbol{X}\boldsymbol{X}^{\mathrm{T}}\boldsymbol{S}=\boldsymbol{I}} \sum_{e\in E,x_i,x_j\in V} \Delta \left\| \frac{\boldsymbol{S}^{\mathrm{T}}x_i}{\sqrt{d(x_i)}}-\frac{\boldsymbol{S}^{\mathrm{T}}x_j}{\sqrt{d(x_i)}} \right\|_2^2 \tag{10-12}$$

其中，$\Delta=\dfrac{w(e)h(x_i,e)h(x_j,e)}{\delta(e)}$，$\boldsymbol{S}$ 是权值矩阵，而式(10-12)等价于：

$$\min_{\boldsymbol{S}^{\mathrm{T}}\boldsymbol{X}\boldsymbol{X}^{\mathrm{T}}\boldsymbol{S}=\boldsymbol{I}} \mathrm{tr}(\boldsymbol{X}^{\mathrm{T}}\boldsymbol{X}\boldsymbol{L}\boldsymbol{X}^{\mathrm{T}}\boldsymbol{S}) \tag{10-13}$$

其中，$\boldsymbol{S}^{\mathrm{T}}\boldsymbol{X}\boldsymbol{X}^{\mathrm{T}}\boldsymbol{S}=\boldsymbol{I}$ 表示 $\boldsymbol{X}$ 协方差矩阵的正交约束，可以被认为是隐式地进行子空间学习，它保留了训练数据的全局结构。

#### 2) 学习目标

$\boldsymbol{W}$ 或 $\boldsymbol{L}$ 的质量都取决于 $\boldsymbol{H}$，低质量的 $\boldsymbol{H}$ 不能输出高质量的 $\boldsymbol{L}$，因此无法通过等式有效地去除噪声/冗余特征。故提出关联矩阵 $\boldsymbol{H}$ 的学习和相似矩阵 $\boldsymbol{S}$ 的学习结合起来迭代式地更新它们，以便它们自适应地更新，输出最优 $\boldsymbol{H}$ 和 $\boldsymbol{S}$。因此，最终目标函数如下：

$$\min_{\boldsymbol{S},\boldsymbol{H},\boldsymbol{D}_e,\boldsymbol{D}_v,\boldsymbol{W}} \mathrm{tr}(\boldsymbol{X}^{\mathrm{T}}\boldsymbol{X}\boldsymbol{L}\boldsymbol{X}^{\mathrm{T}}\boldsymbol{S})+\alpha\|\boldsymbol{W}\|_2^2+\beta\|\boldsymbol{S}\|_{2,1}$$
$$\text{s.t.}, \ w^{\mathrm{T}}\boldsymbol{1}=1, \ w_i>0, \ \boldsymbol{S}^{\mathrm{T}}\boldsymbol{X}\boldsymbol{X}^{\mathrm{T}}\boldsymbol{S}=\boldsymbol{I} \tag{10-14}$$

$\alpha$ 和 $\beta$ 是两个调优参数，$\boldsymbol{1}$ 是一个元素为 1 的向量。$\boldsymbol{S}^{\mathrm{T}}\boldsymbol{X}\boldsymbol{X}^{\mathrm{T}}\boldsymbol{S}=\boldsymbol{I}$ 上的范数产生行稀疏性来选择信息特征，而约束项 $\boldsymbol{S}^{\mathrm{T}}\boldsymbol{X}\boldsymbol{X}^{\mathrm{T}}\boldsymbol{S}=\boldsymbol{I}$ 实际上就是进行子空间学习来使特征选择具有区别性。

3）优化策略

为了更好地确定各个变量（即 $S$、$H$、$D_e$、$D_v$、$W$）得到最优化的结果，提出了一种优化策略，即迭代地优化每个变量，同时固定其他变量，直到算法收敛。例如通过固定 $H$、$D_e$、$D_v$、$W$ 来更新 $S$ 的值。故关于 $S$ 的目标函数变为

$$\min_{S} \text{tr}(X^{T}XLX^{T}S) + \beta \| S \|_{2,1}, \quad \text{s. t.,} \quad S^{T}XX^{T}S = I \tag{10-15}$$

由于范数正则化器是非光滑的，故采用了沃克等人提出的 IRLS 框架来优化 $S$，得到一个关于 $S$ 的特征分解问题来获取最优解。

$$\min_{S^{T}XX^{T}S=I} \text{tr}(S^{T}(XLX^{T}+\beta P)S) \tag{10-16}$$

其中，$P$ 是一个通过固定 $S$ 得到的对角矩阵，$P$ 中的元素定义为

$$p_{i,i} = \frac{1}{2\| S^{i} \|_{2}^{2}}, \quad i = 1, \cdots, c \tag{10-17}$$

交替地固定 $P$ 和 $S$ 两个变量，各自迭代优化直至函数收敛。其余变量的优化方法类似，同为先固定其他变量，再迭代地优化每个变量，最终再带回目标函数解得最优解。

**5. 用于 3D 对象分类的自适应超图卷积神经网络技术方案**

用于 3D 对象分类的自适应超图卷积神经网络架构如图 10-4 所示。

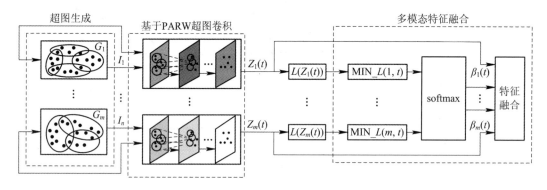

图 10-4 用于 3D 对象分类的自适应超图卷积神经网络架构

如图 10-4 所示，首先，不同的模态被表述为不同的超图结构。然后预先计算与超图结构相关的相似性度量矩阵。接下来，将相似性度量矩阵和对应的特征 $X_i$ 发送给第 $i$ 个卷积网络进行训练。通过这种方式，具有不同尺度和维度的不同模态特征就会自适应地在不同网络中分别训练。然后，在最小损失值的引导下，根据注意力机制获得所有模态的权重。最后，将所有模态输出进行线性加权，再将其输入到 softmax 层进行分类任务。

相似性度量矩阵的公式为

$$A = (\alpha I + L)^{-1}\alpha \tag{10-18}$$

其中，$\alpha$ 是特征向量，$I$ 是一个单位矩阵，$L$ 是超图结构拉普拉斯特征矩阵。

对于每种模态，构建一个超图神经网络模型来学习中间表示。第 $i$ 个 $L$ 层超图神经网络的层间传播规则为

$$Z_i = \sigma(A_i(\cdots\sigma(A_iX_i\Theta_i^{(0)})\cdots)\Theta_i^{(L-1)}) \tag{10-19}$$

简单地整合 $m$ 个表示向量，并获得整个模型的输出为

$$\boldsymbol{Z}_C = \sum_{i=1}^{m} \beta_i \boldsymbol{Z}_i(t) \tag{10-20}$$

其中，$\beta_i$ 是第 $i$ 个模态的组合权重，满足 $\sum_{i=1}^{m} \beta_i = 1$，且 $\beta_i \geqslant 0$。

对于每种模态，使用交叉熵损失来表达其误差，即

$$\boldsymbol{L}(\boldsymbol{Z}_i) = -\sum_{p \in X_i} \sum_{q=1}^{c} Y_{p,q} \ln(\mathrm{softmax}(\boldsymbol{Z}_i))_{p,q} \tag{10-21}$$

其中 $X_i$ 是具有标签的节点索引集，softmax 函数定义为 $\mathrm{softmax}(x_i) = \dfrac{\exp(x_i)}{\sum_i \exp(x_j)}$。

动态权重函数为

$$\mathrm{MIN\_L}(i,t) = \min\{\boldsymbol{L}(\boldsymbol{Z}_i)|_1, \boldsymbol{L}(\boldsymbol{Z}_i)_2, \cdots, \boldsymbol{L}(\boldsymbol{Z}_i)|_t\} \tag{10-22}$$

其中 $\boldsymbol{L}(\boldsymbol{Z}_i)|_t$ 表示第 $t$ 个训练周期中第 $i$ 个模态数据的损失值。

使用注意力机制来计算第 $t$ 个周期中的权重值为

$$\begin{aligned}
(\beta_1(t), \beta_2(t), \cdots, \beta_m(t)) = \mathrm{softmax}(&-\mathrm{MIN\_L}(1,t),\\
&-\mathrm{MIN\_L}(2,t), \cdots, -\mathrm{MIN\_L}(m,t))
\end{aligned} \tag{10-23}$$

由于采用了动态权重值，重写式(10-20)为

$$\boldsymbol{Z}_C(t) = \sum_{i=1}^{m} \beta_i(t) \boldsymbol{Z}_i(t) \tag{10-24}$$

至此，用于 3D 对象分类的自适应超图卷积神经网络的损失函数全部介绍完毕。

# 10.4　本章小结

本章重点研究超图神经网络的"自适应"机制，这一机制在不同行业和领域都发挥着关键作用。针对超图的复杂关系、结构形式以及采样后的子视图特征，构建了多种自适应超图神经网络，包括聚合机制自适应、特征自适应、通道自适应以及无监督自适应特征选择等。与单通道超图神经网络相比，本章提出的自适应超图神经网络通过"自适应"机制充分挖掘了模型潜力，显著提升了特征和结构层面的融合与共建能力，进一步提升了超图神经网络在下游机器学习任务中的性能。

# 参 考 文 献

[1]　ZIWEI Z, XIN W, WENWU Z. Automated machine learning on graphs: a survey [C]. Proceedings of the 27th ACM SIGKDD Conference on Knowledge Discovery & Data Mining, 2021: 4082 - 4083.

[2]　ZIWEI Z, YIJIAN Q, ZEYANG Z, et al. AutoGL: A library for automated graph learning [C]. Proceedings of the 9th International Conference on Learning Representations, 2021: 2481 - 2497.

［3］ YANG G，HONG Y，PENG Z，et al. Graph neural architecture search［C］. Proceedings of the Twenty-Ninth International Joint Conference on Artificial Intelligence，2020：1403－1409.

［4］ HONGYANG G，ZHENGYUAN W，SHUIWANG J. Large－scale learnable graph convolutional networks［C］. Proceedings of the 24th ACM SIGKDD Conference on Knowledge Discovery & Data Mining，2018：1416－1424.

［5］ KAIXIONG Z，QINGQUAN S，XIAO H，et al. Auto-GNN：Neural architecture search of graph neural networks［J］. Frontiers in Big Data，2022，5，1029307.

［6］ BARRET Z，VIJAY V，JONATHON S，et al. Learning transferable architectures for scalable image recognition［C］. Proceedings of the IEEE Conferenceon Computer Vision and Pattern Recognition，2018：8697－8710.

［7］ ESTEBAN R，ALOK A，YANPING H，et al. Regularized evolution for image classifier architecture search［C］. Proceedings of the 33rd AAAI Conference on Artificial Intelligence，2019：4780－4789.

［8］ HANXIAO L，KAREN S，YIMING Y. DARTS：Differentiable architecture search ［J］. Journal of Machine Learning Research，2022，23(9)：1－48.

［9］ XIAWU Z，RONGRONG J，LANG T，et al. Multinomial distribution learning for effective neural architecture search［C］. Proceedings of 2019 IEEE/CVF International Conference on Computer Vision，2019：1304－1313.

［10］ HIEU P，MELODY G，BARRET Z，et al. Efficient Neural Architecture Search via Parameters Sharing［C］. Proceedings of the 35th International Conference on Machine Learning，2018：4095－4104.